JN013391

Observational history of earthquakes and volcanoes

地震と火山の
観測史

神沼 克伊 著

Katsutada Kaminuma

丸善出版

まえがき

　地震の揺れを感じると、数分後にはテレビ画面に震源の場所やマグニチュード、各地の震度などが表示されます。画面で見れば一行足らずの情報ですが、その情報を出すために日本列島では毎日、延べ人数にして何百人かの人が日夜働いています。そして地震が起こると、各地で観測された地震記録の上で自動的に地震の到着時刻や波動の振幅が読み取られ、上記の情報が計算されます。

　日本で地震計が開発されてから 140 年が過ぎ、濃尾地震や大正関東地震など巨大地震が起こるたびに、日本国内の地震観測の体制は整備されてきました。そして 21 世紀に入り、ようやく今日の体制が築かれたのです。

　火山観測も同じで 1910 年の有珠山の噴火以来、桜島、伊豆大島、阿蘇山、浅間山などが噴火するたびに、地震計や傾斜計を山体周辺に設置し、少しずつ観測体制が整ってきました。1965 年、1974 年からそれぞれ国家プロジェクトとして発足した地震予知研究計画と火山噴火予知計画で、日本列島の地震や火山の観測体制は充実してきました。

　観測体制の充実の目的は、地震災害、火山噴火災害の軽減と、これらを防ぐために地震学、火山学を進歩させることです。現在の日本ではどちらの防災も気象庁が責任をもっています。大学では地震学、火山学を進歩させ、地震の発生メカニズムや火山噴火発生のプロセスを解明する目的で、日夜研究が続けられています。そのどちらの目的にも必要なのが「観測」です。地震観測を始め、重力、地殻変動、地磁気など諸計器を設置して連続観測がなされています。観測こそが地震学や火山学を支えているのです。

　1880 年、イギリスから東京大学に教えに来ていた御雇教師たちによって地震計が開発され、東京大学で観測が始まりました。1890 年ごろには当時の測候所に地震計が置かれるようになりました。そして、100 年以上の時を経て、今日の形になったのです。

　今日ではテレビの視聴者ばかりでなく、研究者たちも各データが得られるプロ

セスは考えず、何の苦労もなくいろいろなデータを使いこなしています。しかし、それらの研究や実務的な情報発信の根底には観測があるのです。観測は地震学や火山学を支える「縁の下」です。

　その「縁の下」が形成される過程を紹介して多くの人に理解されることが、それぞれの防災面でも役立ち、研究者にとってもさらに視野を広げられると考え、本書を執筆しました。

　私は大学院時代の指導教官の萩原尊禮先生から、日本の地震学の揺籃期の話を何回か伺い、先生の著書も読み、出版のお手伝いもしました。本書の中で1960年代までの話の多くは萩原先生からの受け売りです。先生自身も1930年ごろまでの50年間の話は伝聞が多かったと思います。伝聞ながら寺田寅彦を始め、その時代を経験した人たちから直接話を聞かれています。単なる伝聞とは異なります。100年前の情報を伝えることにより、さらなる発展の契機になればと考えております。

　なお、本書の執筆にあたり参考にした『理科年表』（国立天文台編）は2022年版のものです。

　2022年10月

神　沼　克　伊

もくじ

第1章 地震のいろいろ

1.1 地震の分布

　日常生活の中で人々が地面の揺れを感じると、まず「地震ではないか？」と気にするでしょう。そして、地震らしいとわかると「自分のところは大丈夫か？」と、どこで、どのくらいの地震が起こったのかを知ろうとします。20世紀の終わりごろ、1995（平成7）年の「兵庫県南部地震」（M 7.3）以後、日本のメディアは地震にはとくに敏感になり、どこかで身体に感ずる地震が起こると、各テレビ局はすぐに、どこで、どのくらいの大きさの地震が発生し、津波が発生するか否かをテロップで流します。

　何処か1カ所でも、震度4の揺れを感じると、テレビでもラジオでもすぐ、番組は地震情報に替わります。まず、大きな揺れを感じた地域の揺れの風景、被害の有無などが、現地の自治体の役所や地元放送局からの現地報道として、流されます。日本では過去の経験から、外国に比べ地震に強い街づくりが進み、震度4の揺れでは被害の発生はほとんどなく、震度5でも発生はきわめて少ないです。それ故、被害もないのに延々と地震情報を流し続ける放送には、いつも癪々としています。地震発生に際し、日本ほど敏感に、素早く、テレビやラジオが対応する国は、ほかにないと思います。それだけ日本は昔から地震に苦しめられてきた国ともいえます。

　図1.1は1885年以降に日本列島で記録された「日本付近のおもな被害地震の震央」の図です。理科年表には「日本付近のおもな被害地震年代表」とともに、このような図が示されています。図にはおよそ200個の地震が記入されています。便宜上、本書では地震が1回発生すると1個と数えることにします。

　地震の起こった源を「震源」と呼びます。震源は緯度と経度と深さで示されます。その緯度と経度だけを示した、地下深くに存在する震源を地表に投影した点が、その地震の「震央」で、図1.1に示されています。丸の大きさがそれぞれの地震の大きさ「マグニチュード（M)」を表します。地震学で地震の大きさにマグニチュードが使われるようになったのは、1960年代からです。それ以前の地震の大きさがどのようにして求められたかは後述します。

　同じように、地震の震源決定は日本列島内のあちこちに地震計が設置されてから、その地震波の到着時刻を読み取り、震源決定のデータとして使われてきました。地震計による観測網が整備される前の震源は、揺れを感じた各地から報告さ

れる震度の分布を調べ、最大震度の中心付近を震央と決めています。名古屋市付近の大きな丸は 1891（明治 24）年 10 月 28 日の「濃尾地震」（M 8.0）で、現在でも日本列島内に震源を有する唯一の M 8 クラス（巨大地震相当）の地震です。宮城県沖合の大きな丸は、日本列島付近でこれまで観測された唯一の M 9 クラス（超巨大地震相当）である 2011（平成 23）年 3 月 11 日の「東北地方太平洋沖地震」（Mw 9.1）です。モーメントマグニチュード（Mw）については **1.3 節** で説明します。図からわかるように、地震列島と呼ばれる日本列島でも、地震が起こりやすい地域と、あまり起こらない地域があることがわかります。また M 8 以上の巨大地震は、おもに太平洋沿岸で発生していることもわかります。地震の震源決定の手順は次の通りです。

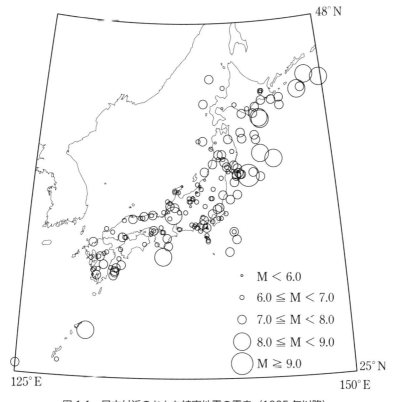

図 1.1　日本付近のおもな被害地震の震央（1885 年以降）.

1. 地震観測点を設置して観測を続ける。
2. 各観測点では水平動 2 成分と上下動 1 成分の 3 台の地震計を稼働させ、24 時間連続的に観測を続けている。
3. 地震が起こると自動的に、その点での地震計の針（現在は必ずしも針でない場合もある）が動き出した時間、つまりその点に地震波が到着した時刻を読み取る。少なくとも 20 世紀までは、地震記録の読み取りはほとんど人間が行っていた。
4. 読み取りデータは中央（現在は気象庁）に集まり、自動的に震源決定がなされ、必要に応じて公表される。

　地震の震源決定とは緯度、経度、深さ、地震の発生時刻を決めることです。未知数が 4 個ありますので、震源決定には最低 4 観測点で地震波到着時刻を読み取ったデータが必要です。実際に震源決定の精度をよくするためには、少なくとも 7 〜 8 点の観測点からの情報が必要です。20 世紀末ごろまでは、1 つの独立した地震観測点を、24 時間稼働させ、維持するためには最低でも 3 〜 4 人の人員が必要でした。したがって 1 個の地震の震源を決めるにも数十人から数百人の力が結集されているのです。ですから図 1.1 を作製するには、24 時間、絶えることなく観測を継続することが不可欠です。「継続している地震観測」がこの図の基本になっていること、すなわち、その観測の重要性をまず理解してください。
　現在は気象庁が日本列島全域に地震観測点を設けています。太平洋岸には何点かの海底地震計も維持されています。それに加え、大学や各研究機関などの地震観測点のデータも気象庁に送られる体制になっています。しかし、明治時代の地震学の黎明期から 20 世紀の終わりごろまで、日本列島の地震観測の多くは、大学の観測所でなされていました。大学の観測所は地震研究者の育成と、地震学の進歩に偉大な貢献を続けてきました。

1.2　震度

　日本の地震学というよりは世界の地震学は、理科年表の「地震学上のおもな出来事」（以下この引用は「出来事」と記す）にもあるように 1880（明治 13）年 2 月 22 日に発生した「横浜地震」（M 5.5 〜 6.0）を契機に本格的に始まりました。当時の東京大学に「御雇教師」としてイギリスから教えに来ていたミルン（John

Milne, 1850-1913) やユーイング（Sir James Alfred Ewing, 1855-1935）が、地
震の発生に驚き、外国人の教師仲間や日本の大学関係者らを集めて地震学会を創
設し、本格的な地震研究が始まったのです。ただし、日本での地震の観測は「出
来事」にあるように、1872 年に御雇教師のフルベッキ（Guido Herman Fridolin
Verbeck, 1830-1898）とクニッピング（Erwin Rudolph Theobald Knipping,
1844-1922）によって日本橋で始められました。また 1874 年には工部省測量司が
イタリアからパルミエリ地震計を購入しています。この地震計は時間の経過とと
もに振動をとらえるという現代の地震計と比べ、ただ揺れを感じたことを示す
「感震器」と呼ぶのがふさわしい程度のものでした。

　時間は 1868（明治元）年に戻りますが、日本の地震学が始まる前の明治新政
府の学問に対する体制を記しておきます。この基本情報はおもに『地震学百年』
（萩原尊禮、東京大学出版会、1982）によります。新政府は旧幕府の洋学を中心
にした学問処の開成所を復興し、開成学校を発足させました。同時に漢学が中心
だった昌平黌に国学を加え昌平学校、西洋医学の医学所を医学校としました。そ
して 1869 年 6 月、昌平学校を大学校と改め、開成学校と医学校を大学の分局と
しました。さらに同年 12 月には、大学校を大学と改め、開成学校と医学校をそ
れぞれ大学南校、大学東校としました。

　1871 年に文部省が設置され、大学を廃止し、大学南校、大学東校をそれぞれ
南校、東校と改称しました。そして前年設置されていた工部省に工学寮が設けら
れました。ちなみに廃藩置県が行われたのもこの年でした。

　1872 年 8 月、南校を第一大学区第一番中学、東校を第一大学区医学校と改称
し、文部省の管下に置きました。1873 年 4 月、第一大学区第一番中学を開成学
校に改組し、場所を一ツ橋門外から神田錦町に移転、10 月に開校式が行われた
のです。また、工学寮は工学寮大学校と改称されました。さらに 1874 年 5 月に
は開成学校を東京開成学校、医学校を東京医学校と改称しました。これら組織の
改組、改称の繰り返しから、文明開化時の新政府の混乱ぶりがわかります。

　1874 年、国土地理院の先祖（萩原の表現）である工部省測量司が、先に述べ
たようにパルミエリ地震計を購入、御雇教師の 1 人が赤坂葵町三番地の官舎で地
震観測をし、1876 年から 8 年間の記録が残されています。この地震計はイタリ
アのベスビオ火山の地震観測用に考案されたもので、日本にも地震が多いという
ので持ち込まれたようです。装置は複雑でしたが、地震動を記録することはでき

ず、地震の起こった時刻がようやく記録できる程度のものだったようです。

　1875年、内務省地理寮測地課（1877年地理局測量課と改称）が設置され、この課の気象掛を非公式に「東京気象台」と呼ぶようになりました。翌年には工学寮大学校の御雇教師としてミルンが着任しました。

　1877年2月から9月、西南戦争が起こりました。そんな中、4月に東京開成学校と東京医学校を合併して東京大学を設置、法、理、文、医の4学部が置かれました。また工学寮大学校を工部大学校と改め、7科が置かれました。1878年にはユーイングが来日して、理学部の御雇教師となりました。

　1880年の横浜地震発生後、東京大学はユーイングのために地震学実験所を設けました。その場所は、一ツ橋の現在は学士会館が建てられている付近になります。「出来事」にもあるように、ユーイングは自作の地震計を開発し、その場所で観測を始めています。そして、このユーイングの助手に選ばれたのが、関谷清景（1854-1896）です。

　関谷は安政元（1854）年、安政大地震（安政東海地震と南海地震）の直前の12月11日、美濃大垣藩の下級武士の家に生まれました。1870年、16歳の時、大学南校が貢進生制度を始め、藩から選ばれた2名の貢進生の1人として入学しました。貢進生制度は学費、俸給などすべてを藩が負担して、藩の秀才を大学南校で学ばせ、藩の発展に寄与させる目的で発足した制度でした。南校に入学した関谷は、1876年、東京開成学校の第2回留学生としてイギリスに留学しましたが、不幸にして肺疾患になり帰国を余儀なくされます。兵庫県須磨での療養が快方に向かってからは、神戸の師範学校で教師となりました。その時に、ユーイングの助手についての話が出て、1880年、再び上京したのでした。

　1882年、東京気象台は観測条件の良い江戸城旧本丸に移転しました。1883年には予定より1年早く、ユーイングはイギリスに呼び戻されましたが、帰国に際し「関谷は自分の開発した器械を熟知し、その観測や研究で自分を助けてくれた。在任中の自分の成果は彼なくしてできなかった。彼に後事をすべて託せるのは、自分にとって幸せである」と関谷への賛辞を残しています。

　1884年、関谷は、地震を感じた時の揺れの強さを微震、弱震、強震、烈震の4階級に分ける震度階を創案しました。そして翌年、全国に設けられつつあった測候所に地震（震度）の報告を依頼することにしました。その原案はユーイングの発案、助言もあったようですが、とにかく地震の発生を全国的に調べる必要から

でした。地震計が普及していない時代ですから、地震の報告といっても「何月何日何時ごろ、これこれ（4階級）の揺れがあった」というような報告が期待されていました。この震度階は 1898 年まで使われました。1885 年、東京大学理学部が本郷に移転し、地震学教室が創設され、関谷が教授に昇格して教室主任になりました。また、同年 6 月内務省地理局測量課を第 4 部と改称し、調査、測候、予報、験震、観象、遍歴の 6 課を置き、関谷は験震課長も兼務することになりました。これにより、関谷は日本の地震研究と観測業務のすべてを背負うことになったのです。

ミルンは工部省工部大学の御雇教師でしたが、日本地震学会の会員の立場で地震の研究を継続しており、関谷にも親切に助言し、研究方針や日本の地震学の進歩に大きな影響を与えていました。その工部大学校も 1885 年には文部省に移管され、さらに翌年 3 月には、東京大学と合併し、法、医、工、文、埋の 5 分科を有する帝国大学となりました。1887 年には通称東京気象台を「中央気象台」と改称し、1890 年 8 月、内務省に中央気象台設置の管制公布がなされました。

1891（明治 24）年に「濃尾地震」（M 8.0）が発生し、日本の地震学は大転換期を迎えますが、本章では話を震度に戻します。1898 年から震度 0 〜 6 の 7 階級での震度測定が気象台を中心に継続していました。それぞれの震度の定義、表示は若干の変更があったりしましたが、経験を積むにしたがい、正確を期した報告がなされていました。図 1.2 に 4 階級の震度階の分布、図 1.3 に 7 階級の震度分布を示します。図 1.2 は 1896（明治 29）年 8 月 31 日の「陸羽地震」（M 7.2）の震度分布です。図 1.3 は 1923（大正 12）年 9 月 1 日の「大正関東地震」（関東大震災、M 7.9）です。

1895 年、中央気象台は文部省に移管され、さらに 1943 年には運輸通信省の所管となり第二次世界大戦の終戦を迎えました。1956 年には中央気象台が「気象庁」に昇格して、運輸省の外局となり今日に至っています。

所管は変わっても震度決定は従来通り実施されていましたが、1948（昭和 23）年の「福井地震」（M 7.1）発生後の気象台の調査では、狭い地域でほとんどの家屋が全壊しており、この状況を従来の最大震度 6 の地域と同等には扱えないと、それまでの震度階に新たに震度 7 を加え、翌年から 8 階級の震度階が使われるようになりました。ただ震度 7 は地震後の現地調査で「家屋の倒壊が 30％以上に及び、がけ崩れ、山崩れ、断層などが生ずる」ことが確認された場合、震度 7（激

震）とすると定義されました。震度7の判定はあくまでも地震後の現地調査によって決定するということでした。

1995（平成7）年の「兵庫県南部地震」（阪神・淡路大震災、M 7.3）では、地震発生後の政府の対応が遅れました。誰が知恵をつけたのか、政府は「最大震度が6だったので、それほどの被害が出るとは考えなかった」と説明しました。震度7はあくまで、地震後に調べた結果で、地震直後に震度6だったら、大きな被害が出ることを予測すべきなのにしなかった関係者のミスです。ミスでなければ、震度決定に対して正しい知識をもっていなかった関係者の不勉強です。この点を、国会で野党が厳しく追及し、結果的にはそれまでは各気象官署の担当者の「感覚」で決めて報告していた震度を、震度計を使って決めることになりました。

もちろんそれまでにも震度計は開発されていましたが、改めて検討され、統一した震度計が配置されるようになりました。震度計で測定された震度を、人が体

図1.2　4階級時代の震度分布．1896年の陸羽地震（M 7.9），有感半径 560 km.

感で感じた震度と区別して「計測震度」と呼んでいます。

　新しい震度階「計測震度」は理科年表にも示されているように、従来の震度5と震度6にそれぞれ強、弱を加えて10階級になりました。その詳細は理科年表の「気象庁震度階級（1996）」、「気象庁震度階級関連解説表（2009）」に示されています。震度計を設置することで簡単に震度が計測できるので、多くの自治体が震度計を設置しています。その情報はオンラインで気象庁に送られますので、大きな地震ともなれば日本列島の地図全体に、各地の震度が表示されるようになりました。

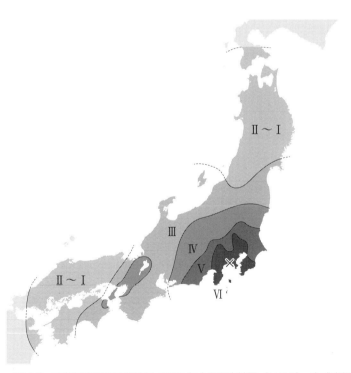

図 1.3　7 階級時代の震度分布 .1923 年大正関東地震（M 7.9），有感半径 700 km.

1.3　マグニチュード

　地震が1回起こると、その地震がほかの地震と比べてどのくらい大きいのか小さいのか、それぞれの地震の大きさを知りたいとの考えを、多くの地震研究者がもっていました。その一つの指標として、日本では「有感半径」が求められています。地震の揺れを感じた地点で震源から最も遠い地点を指します。「濃尾地震」の有感半径は 880 km、「大正関東地震」は 700 km などと記録されています。

　アメリカのリヒター（Charles Francis Richter, 1900–1985）はカリフォルニア州で起こる局地的な地震について、それぞれの大きさを表すマグニチュードを次のように定義しました。

「震央から 100 km 離れた場所にあるウッド・アンダーソン式地震計（固有周期
0.8 秒、倍率 2800）に記録された地震波の最大振幅を μ（ミクロン：1 mm の
1000 分の 1）の単位で計り、その常用対数をとったもの」

　その求める式は、理科年表の「マグニチュード M の決め方」に示されています。実際、震央距離 100 km の場所に観測点があるわけではないので、震央距離 Δ にある観測点で最大振幅 A を測定して、マグニチュードを求めました。このマグニチュードはカリフォルニア州の浅い地震用に考えられたもので「ローカルマグニチュード」と呼ばれています。リヒターのこの提案を基に、日本でも多くの研究者によってマグニチュードの研究がなされました。

　地震の表面波の最大振幅からマグニチュードを求めた「表面波マグニチュード」、P 波や S 波の最大振幅を使った「実体波マグニチュード」、地震の記録紙上で揺れが続いている長さ（揺れの継続時間）を計測して求める「地震動継続時間から求めたマグニチュード」などが提案されています。どのような決め方でも同じ値にならなければ、マグニチュードを決める意味が半減しますので、どんな方法でも同じような値のマグニチュードが求められるよう、研究者たちは頭を悩ませていました。1960 年代ごろには、日本の地震学会の年2回の大会でも、必ずマグニチュードに関する研究が発表されていました。提唱されているマグニチュードは、それぞれの地震の相対的な大きさは表すが、絶対的な大きさを表さないことも理解され始めました。気象庁も各観測点で使用している地震計の記録

から、マグニチュードを求めるようになりました。これを「気象庁マグニチュード」と呼び、地震が起こるたびに、そのマグニチュードが発表されています。

　このマグニチュードに物理的な意味をもたせたのが「出来事」の 1977 年の項にある金森博雄 (1936-) による「モーメントマグニチュード (Mw) の提唱」です。地震を発生させた断層面の面積、そのずれの大きさ（変位量）、地震の起こった場所の剛性率などを考慮し、既存のマグニチュードと整合性のあるマグニチュードとして、提唱されました。モーメントマグニチュードが提唱される前は、マグニチュードの最大値は 8 程度と考えられていましたが、モーメントマグニチュードの提唱で断層が大きければ、M 9 クラスの地震も起こることが示されました。

　理科年表の「日本付近のおもな被害地震年代表」には 1978 年の地震から、モーメントマグニチュードも示されています。たとえば 1995 年の「兵庫県南部地震」では M 7.3、Mw 6.9、2011 年の「東北地方太平洋沖地震」では M 9.0、Mw 9.1 と 2 つのマグニチュードが示されていますが、最初が気象庁マグニチュード、後者がモーメントマグニチュードを示しています。モーメントマグニチュードは地震発生後、波形を使って地震の起こったメカニズムを求めることによって、断層の大きさが求められますから、マグニチュードの計算はその後になるのです。したがって、地震発生直後にテレビ画面に示されるマグニチュードは、気象庁マグニチュードです。

　被害地震年代表の地震には、地震観測が実施されるようになる前の時代に発生した地震のマグニチュードも示されています。地震観測網の無い時代のマグニチュードは、古文書に残る当時の地震による被害分布から震度を推定し、その震度の占める面積などから、マグニチュードを求める式が提唱されています。この考えを最初に示したのは、東京大学地震研究所の河角広 (1904-1972) でしたので「河角マグニチュード」とも呼ばれます。このような経過で、地震観測網の無い時代の地震、いわゆる「歴史地震」のマグニチュードも求められているのです。

1.4　震源を決めるには

　地表面の任意の地点から震源、震央までの距離をそれぞれ震源距離、震央距離と呼び、地表面から震源までの距離は「震源の深さ」です。地球上で発生する地震の90％以上は深さが100 kmより浅い領域で発生しているので、日本列島全域でみれば震央距離が100 kmよりは長くなります。そのため、ほとんどの地震に対して震源距離と震央距離はほぼ等しくなります。

　地下の岩盤の破壊によって発生する地震波は、物理学の用語では「弾性波」と呼ばれ、疎密波とねじれ波の2種類があります。その揺れ方から疎密波はタテ波、ねじれ波はヨコ波で、岩盤中を伝わる速さは、タテ波はヨコ波より1.7倍前後速く、いつも先に到達するのでP波（Primary wave）、あとから到達するヨコ波はS波（Secondary wave）と呼ばれています。P波やS波が到着した時間を到着時刻と呼び、P波が到着してからS波が到着するまでの時間、つまりS波の到着時刻からP波の到着時刻を引いた値をP-S（ピーエス）時間（S − P〔Sマイナス P〕時間ともいう）、または初期微動継続時間と呼びます。

　地震波が伝播する道筋を波線と呼びますが、地球内部では深くなるにしたがって地震波は速度が増すので、波線は直線にはならず、図1.4に示したように湾曲します。

　地震の震源を精度よく決めるには、地球内部の構造が必要です。構成する岩石によって、伝わる地震波の速度も異なります。いろいろな場所で起こった多くの地震について、異なる震央距離で地震波を観測し、地球内部の地震波の速度分布が調べられ、その構造が明らかになりました。

　地球の内部は大きく分けて、地殻、マントル、核の3層で構成され、核はさらに外核と内核に分かれています。各層の厚さは、それぞれ地殻（5〜50 km）、マントル（2900 km）、外核（2200 km）、内核（1250 km）程度です。地球の中心領域の核は、その中をS波が伝わらないことから、ニッケルと鉄の合金が高い温度と圧力でドロドロに溶けた溶融体と推定されていました。その後、詳しい地震波伝播の研究から、核の中心部分は固体であろうと考えられるようになり、溶融体の外核と固体の内核に分けられました。

　被害をもたらす地震のほとんどは、地殻内からマントル最上部、深さが100 kmくらいまでの領域で発生しています。観測されている最も深い地震でも、

その深さは 700 km 程度です。

　記録紙上に観測された地震波の例を図 1.5 に示します。地震計は上下動成分と東 − 西、南 − 北成分の水平動 2 成分の 3 台が設置されていて、24 時間、休みなく記録され続けています。図には上下動と水平動の 2 成分を示しています。特徴的なのは上下動地震計では P 波とレイリー波が、水平動では S 波とラブ波がそれぞれ卓越して（揺れ幅が大きく）記録されます。ラブ波やレイリー波は表面波と呼ばれる波で、地球内部を伝播する P 波や S 波が、湾曲して地表面に達し、エネルギーが集中した結果、形成された波です。「出来事」にも示されているように、ラブ波はレイリー波とともに、この 2 つの波を理論的に証明した研究者の名前が冠せられています。ラブ波の速度は、S 波の速度よりやや遅く、レイリー波の速度はラブ波の速度よりさらに遅いです。実体波の解析とともに、表面波の解析は地震発生のからくりや、地球の内部構造を研究するための有力な手段となっています。巨大地震になると、地球表面を複数回伝わる表面波が観測されて

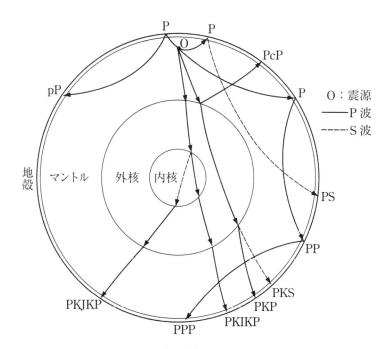

図 1.4　種々の地震波の伝播経路.

います。

　地震波は伝播しながら地表や地球内部の境界面で反射や屈折を繰り返し、次第に減衰していきます。したがって地震計に記録された震動の波形（地震記象と呼ぶ）は、一般には図 1.5 よりかなり複雑になります。図 1.4 では震源（O）から、P 波しか記されていませんが、実際には S 波も同時に射出します。震源から直接観測点に到達した波は P 波、S 波ですが、上向きに射出し地表面で 1 回反射してきた波が pP（リトル P、ビッグ P と呼ぶ）、sS（リトル S、ビッグ S と呼ぶ）です。下向きに射出され、地表面で 1 回反射してきた波は PP（ピーピー）、SS（エスエス、以下同じように表す）で、2 回反射すれば PPP、SSS です。核の表面で反射してきた波は PcP、ScS と記します。外核に入った P 波がマントルに抜けると P 波のまま伝わる PKP と S 波に変換した PKS の 2 種類の波が生じます。S 波が外核に入ると P 波として伝わり、マントルに戻るとまた S 波として地表に達すると SKS と記します。溶融体の外核を P 波で通過し固体の内核に入った波は、P 波として伝わる波と S 波に変換して伝わる波が生じます。P 波として伝わる波は PKIKP、S 波に変換して伝わる波は PKJKP と記します。

　震源からの距離を横軸に、地震の発震時からの時間を縦軸に取り、それぞれの距離に到着する波を地球の内部構造のモデルによって求め、プロットしたものを走時曲線と呼び、その一つの例が図 1.6 です。LQ、LR はそれぞれラブ波、レイリー波の走時です。震源の反対側の地域には、発生した P 波は直接伝わらず、

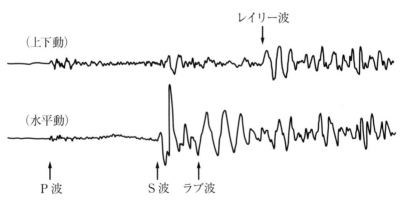

図 1.5　地震記象の例.

(H. Jeffreys and K. E. Bullenによる)

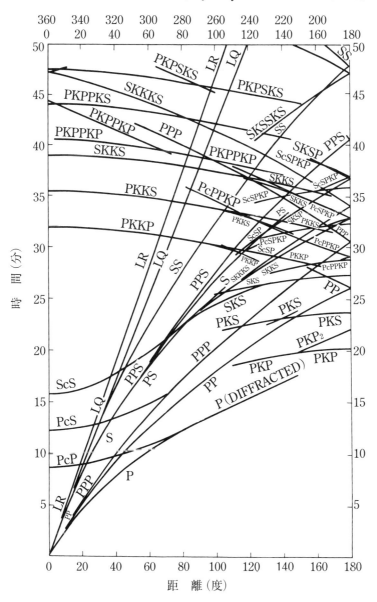

図 1.6 理論的な走時曲線.

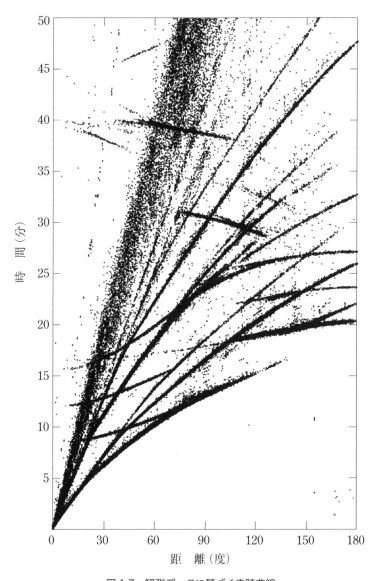

図 1.7　観測データに基づく走時曲線.

核の中を通過した波が到達することがわかります。この領域を「シャドーゾーン」と呼びます。

図 1.7 は実際に観測された地震の波相を、地震記象から直接読み取り、プロットしたものです。地震記象を読む人は、初動の P 波ぐらいは意識するでしょうが、そのほかは意識することなく、図 1.5 に示したような記象（地震波形）を見ながら、特徴のある波相や振幅の大きな波相の到着時刻を読み、プロットしたのです。この図は地球のモデルに関係なく、実際地球内部を伝わってきた波が記録されています。角距離が 140 度以上では P 波が直接は伝わらないことも明らかですし、そのような初動の波は地球の核を通過してきた波であることもわかります。原点から角距離が 90 度あたりまで、ボーッと広がるプロット群は表面波で、各観測点では一つの地震記録の最後の部分に表面波が到着していること、それが幅広くなっているのは、より複雑な構造を反映していることなどが理解されるのです。

このように、地球上に分布する多くの地震観測点のデータを基に求められた地球の内部構造が「地球内部の構造」として、理科年表にも表示され、図示されています。

1.5 地震観測と震源分布

1891（明治 24）年 10 月 28 日早朝、岐阜、愛知を中心に大きな被害が発生した「濃尾地震」（M 8.0）が起こりました。宮城県以南の全国で揺れを感じ、その有感半径は 880 km、内陸に起きた地震としては現在でも日本の歴史上最大の地震です。伊勢湾北部から北々西に延び、福井県に達する総延長 100 km を超す大断層系が出現しました。とくに岐阜県根尾谷の水鳥村（当時）に現れた断層は顕著で、西側の部分が相対的に 6 m ほど上昇し、水平方向には南々東に 2 m ほど移動した「左横ずれ断層」（断層に相対した時、向こう側が自分の左手方向に動く）が出現しました。

余談になりますが、この時現地調査をした東京大学地質学教室の教授だった小藤文次郎（1856-1935）は、地震は断層運動によって発生したと看破しています。その後も地震学界では、地震後に断層が発見されていても「地震断層」と称し、地震の結果、断層が現れたと考え教育されてもいました。私自身「地震断層」と教わりました。しかし 1960 年代、地震発生のメカニズムが解明され、断層運動

が地震を発生させる「断層は地震の親」であることが明らかになりました。この件はもう一度述べます。

　もう一つ余談があります。当時の名古屋測候所には、1887年に地震計が設置されています。関谷清景が地理局の験震課長を兼務して2年、測候所に地震計の設置を進めていて、通称東京気象台が中央気象台に改称された年です。設置後、記録される地震は少なく、あっても微震程度でした。ところが10月25日に強震2回を記録し、28日の大震を迎えたのです。今日だったら「有力な前震があった」と話題になる現象でした。1960年代、日本で地震予知研究計画が始まったころ「前震」は大地震の前兆現象として注目されていましたが、結局は役立たなかったのです。

　話を本筋に戻します。濃尾地震の発生で、レンガ造りの建物が瞬時に崩壊した事実により、防災の視点から耐震構造の建物の必要性が痛感されました。そして、自然科学としての地震学の研究と工学的な地震防災面の研究を推進する目的で、1892年に震災予防調査会が文部省に設置されました。震災予防調査会は事務局が文部省にあり、多額の研究費もついていました。しかし、委員と呼ばれる会のメンバー全員が、本職を別にもつ兼任である「姿なき研究所」でした。

　そのような時代背景の中で、関谷は国の気象官署の業務に地震観測を取り入れ、一、二等測候所に地震計を設置し、官報に地方測候所の地震報告を掲載するようにしました。1893年には帝国大学（当時、帝国大学は一つだけ）に地震学講座が設置され、関谷が初代教授に就任しました。しかし、彼は病が再発、療養の甲斐なく1897年1月に亡くなりました。

　ここで『地震学をつくった男・大森房吉』（上山明博、青土社、2018）で詳しく紹介されている大森房吉（1868-1923）が登場します。大森は1890年に帝国大学理科大学物理学科を卒業後、学士研究科に進学、ミルンや関谷の指導を受けていました。1895年、ミルンはイギリスへ帰国しましたが、大森は2年間、イタリアとドイツに留学しました。当時はミルンの帰国直後であり、ヨーロッパ地震学が盛んになる前の時期であったため、地震学的には収穫は少なかったようです。

　1897年6月、帝国大学は東京帝国大学に改称、京都帝国大学も発足しました。帰国した大森は直ちに教授に任じられ、地震学講座担当、地震学教室主任、震災予防調査会幹事の重職を兼務することになりました。地震学の講義は地質学、物理学、土木工学、建築学の学生にも行われました。

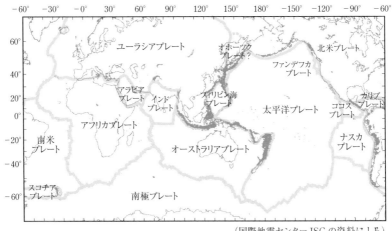

（国際地震センター ISC の資料による）

図 1.8　世界のプレート境界と深い地震（M ≧ 4.0，深さ 100 km 以上，1991 〜 2010 年）の分布図．深い地震は環太平洋やインドネシア沖など限られた地域でしか起きていない．起きている場所がプレート境界（薄い灰色線）からやや離れているのはプレートが斜めに沈み込んでいるため．

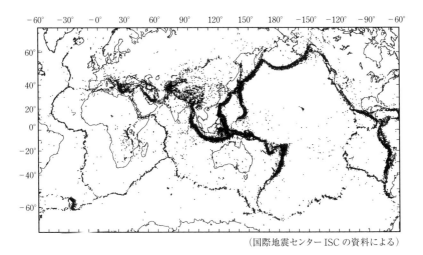

（国際地震センター ISC の資料による）

図 1.9　世界の浅い地震（M ≧ 4.0，深さ 100 km 以下，1991 〜 2010 年）の分布図．浅い地震はプレート境界（図 1.8 灰色線）に沿った帯状の地域を中心に生じていることがよくわかる．

　震災予防調査会の大きな仕事が『大日本地震史料』の編纂でした。これは東京帝国大学の史料編纂掛（現在の史料編纂所の前身）の資料の中から、同掛員が地震に関する資料を拾い出したもので、416年（允恭天皇5年）から1865年（慶應元年）におよんでいます。この地震史料は、昭和に入ってから、武者金吉（1891-1962）によって大増補され『増訂大日本地震史料』として出版され「出来事」の1951年の項にも「『大日本地震史料』の完成」として記載されています。そして、その後の資料を加えて使いやすくなっているのが、理科年表の「日本付近のおもな被害地震年代表」です。

　測候所ばかりでなく、大学の観測所もでき、地震観測点の数が増えるにしたがい、国内外で観測される地震の数は増え震源決定の精度も上がってきました。

　現在では国際的にはイギリスに国際地震センター（ISC）が設置されており、世界中の地震観測点のデータが送られて地球規模で地震の震源が求められています。図1.8は震源の深さが100 kmより深い地震の震央、図1.9には100 km以下の浅い地震の震央が示されています。地震観測点が増え、精度良い震源決定ができるようになり、幅をもっていた地震発生地帯がだんだんと線状になってきています。地震の発生する地域、世界の地震帯は地球上でも限られていることを示しています。

1.6　大森地震学

　東京大学の学士研究科に在学していた大森房吉は1891年7月に、地震学教室の助手嘱託に任ぜられ、毎月20円の俸給を受けていました。これは当時の理科大学学長の菊池大麓（1855-1917）が大森の才能を見抜いた計らいであり、病弱の関谷清景を助けることにも直結していました。そして濃尾地震の発生に際しては、現地調査など、すべてが大森の双肩にかかっていました。

　震災予防調査会の当時の会長は菊池で、幹事となった大森は存分に腕を振るうことになりました。当時の大森は地震が1回起きると論文一編を書いたといわれるほど地震の調査を実施し、その現象解明に傾倒しました。調査会からは和文の『震災予防調査会報告』（全100号）と欧文の『調査会欧文紀要』（全11巻）が出版されており、大森は次々に投稿しております。とくに欧文紀要では全掲載論文93編のうち81編が、大森によるものでした。そのような努力の結晶の例が「出来事」にある1894年や1899年の事項です。それぞれが論文として『報告』に掲

載されています。

　1894 年の「余震数の減少に関する公式」は、発生した地震の余震がどのくらいで終息しているかを数値化したもので、地震一つひとつの性質を表します。大きな地震が起きると、続いて震源域周辺には多数の地震が発生します。最初の親にあたる大きな地震を「主震」または「本震」、後から起こる多数の地震は「余震」と呼びます。一般に余震は本震よりマグニチュードで 1 以上、最大震度も 1 程度以上小さくなります。大森は余震の発生頻度は時間とともに減少していくので、本震発生から t 時間後における単位時間当たりの余震回数を n（t）として算出する公式を導きました。この公式はその後改良され、現在でも「改良大森公式」として、余震活動の推移を調べるために役立っています。

　ただし気象庁は 2016（平成 28）年 4 月の熊本地震以来、「余震」という言葉を使わなくなりました。熊本地震は 4 月 14 日に M 6.5（最大震度 7）、16 日にM 7.3（最大震度 7）と隣接した地域で発生した地震により、熊本県益城町では 2 日間に 2 回も震度 7 を経験するという史上初の現象が起きました。最初の地震よりも大きな地震が起きたことから、それまでの余震の概念は覆されたのです。ただし、後追いですが、それは気象庁ばかりでなく私自身を含め、多くの地震研究者の無知から、最初の地震の震源域に隣接して存在していた活断層に気が付かなかったことに起因します。特殊な例に惑わされ余震という言葉を使わないのは、大森以来形成された地震現象を見る概念を否定するもので、学問の進歩ではありません。その詳細はすでに拙著に述べてありますので省きます（『あしたの地震学』青土社、2020　参照）。

　「出来事」の 1899 年の項は「初期微動継続時間と震源距離との関係」も大森により提唱され、地震の起こるたびに私も使っている現在でも役立つ公式です。一般に地震を感じるのは、まず「グラッ」とした、あるいは「カタカタ」とした弱い揺れです。「地震かな」と注意していると、そのうち「ユサユサ」とした横揺れを感じます。最初の揺れが P 波の到達、2 番目の揺れが S 波の到達です。「グラッ」あるいは「カタカタ」を感じたらすぐ時計の秒針を見ます。そして「ユサユサ」までの時間を秒単位で計るのです。「グラッ」から「ユサユサ」までの時間 t 秒が初期微動継続時間（P-S 時間）です。この t 秒に「8」をかけた値が、その地震を感じた地点から、震源までの距離です。「8」という値は、地震波速度から算出された値ですから、厳密には「変数」になり、その場所によって異なっ

写真1　福井市の生家跡近くに建てられた大森房吉像．
右側が大森式水平動地震計のレリーフ．

た値になります．しかし，実際には7〜8程度で大きな誤りはありません．大森
は最終的には，東京付近の値として7.42という値を使っていたようです．震源
そのものが3次元的な空間であり，ある大きさをもっていますので，震源距離と
いっても，自分の居るところからどのくらい離れたところで起きた地震かを知る
には支障はありません．初期微動継続時間が10秒なら，その感じた地震の震源
は自分の居るところから80キロ離れていることになります．大森はこの方法で，
数点の観測点のデータを使い，数多くの地震の震源（正確には震央になる）を決
めていました．

　大森の名を世界にとどろかせ，ノーベル賞候補に推薦されるまでになった一つ
の仕事が「大森式水平振子地震計」の開発です．1898年ごろに考案したもので，
その後，日本の気象台で設置されることになるドイツのウィーヘルト式地震計や
ロシアのガリツィンの電磁式地震計が世に出る2〜3年も前のことです．

　大森式水平動地震計は「振り子の動きをテコで機械的に拡大し，描針（ペン）
を用いて紙の上に記録する機械式地震計」です．ミルンの水平振り子地震計を一

回り大きくしたような形で、高さ1メートルの鉄の支柱に支えられた周期20秒
の水平振り子が主体でした。振り子の重りは10 kg、その動きはテコにより10
倍に拡大され、先端の軽い描針が、回転ドラムに張った煤煙紙の上に、細くて鮮
明な線を描きます。この地震計の1号機は東京大学本郷キャンパスの地震学教
室の一室に据えられましたが、1899年9月11日にアラスカで起きた大地震のP
波、S波、ラブ波を明瞭に記録し、後日、ヨーロッパの研究者たちを驚かせまし
た。この地震計は安定して鮮明な記録が観測できることからヨーロッパにも輸出
され、日本でも長い間使われていました。現在は博物館でしか見られませんが、
故郷の福井市にある大森の銅像のわきには、この地震計のレリーフが展示されて
います（**写真1**）。

　震災予防調査会での大森の仕事ぶりに対し、物理学系の研究者からは地震の理
論的研究に欠けるとの批判が出ていました。期待した人々の頭の中には、レイ
リー（John William Strutt, 3rd Baron Rayleigh, 1842-1919）やラブ（Augustus
Edward Hough Love, 1863-1940）のような理論的研究が描かれていたのでしょ
う。しかし、地震現象は地球物理学的な自然現象です。その解明には起きている
現象そのものを、正確にとらえることが必要です。現象の記載分類はその第一歩
でした。世界の地震学の黎明期、地震とはどんな現象かを明らかにするために大
森は日本で起きている地震の記載分類とその解明に孤軍奮闘し、のちに「大森地
震学」と呼ばれるような形をつくり上げたのです。

1.7　初動の押し、引き分布

　「出来事」の1911年の項にある「地震の発生に関する弾性反発説」は、アメリ
カのリード（H.F.Reid, 1859-1944）によって提唱された地震発生の原因に関する
考えでした。長い間地殻に力が加わり変形し続けていると、その限界に達し、割
れ目（断層）が生じて、それまで変形を続けていた地殻は自分の弾性で一気に元
の状態に跳ね返る。この時に地震が発生するというのです。この説は多くの研究
者に現在でも支持されています。

　1917年の項の志田順（1876-1936）による「地震波の初動分布の発見」は、日
本の研究者による地震発生の原因解明への第一歩でした。1909年、京都帝国大
学理工科大学の助教授として迎えられた志田は、大森地震学とは別の道を目指し
ていたようです。地震の初動はタテ波（P波）であるから、観測地点で見れば震

源から押されるか、引かれるかであろうと考え、地震記象の初動の方向に着目しました。

　志田はこの考えから地震記象の初動分布を調べ、上下動成分で上向きなら押し、下向きなら引きとして、各観測点での押し、引きを調べ、その地理的分布を求めました。その結果、押し、引きの分布は、震央を通り直角に交わる2つの直線で区切られる4つの象限内に、交互に分布することを発見したのです。この地震の初動分布の発見は、その後の発震機構、さらには地震発生のメカニズムの研究へと発展していきました。

　この志田の発見を、大きく前進させたのが本多弘吉（1906-1982）でした。本多は京都帝国大学卒業後、中央気象台に入り、終戦の時はソウル（京城）の気象台長を務め、中央気象台から東北大学、さらに東京大学の教授になりました。私が教えを受けたのは定年退官される最後の5年間だけでしたが、多大な薫陶を受けました。

　本多先生（ここでは昔に戻り先生を使います）は、どちらかといえば机上で研究を進めるタイプでしたが、ある時、私は本多先生に「僕はウィーヘルトを組み立てられるのだよ」といわれたのです。気象台勤務時代、責任者としてあちこちの気象台や測候所に配置されていたウィーヘルト式地震計の管理の必要があったからだと思います。私はその記録こそ使いましたが、地震計そのものは見たことがありませんでした。その後、現物を見るととにかく複雑な器械でした。指導教官の萩原尊禮（1908-1999）先生は「器械の萩原」といわれるくらい、新しく地震計、傾斜計、伸縮計などの観測機器を開発し、野外観測にも出かけるタイプの先生でした。一方、本多先生は現在でいえばパソコン相手に机上で研究を進めるタイプの先生でした。その本多先生がこんな複雑な器械をよく組み立てられたのだなと改めて感心したのも、半世紀以上前になります。観測の大切さを教えられた出来事です。本多先生はご自身の経験から、学生にも地震記象（記録紙上の地震現象）を見るというよりは読むことを勧めていました。地震記象を見ることによって、そこに記録されている様々な現象を注意深く読み取ることが、新しい発見につながることを理解していたのです。

　志田の教えを受けた本多は、1930年ごろから地震の波の初動分布の研究を行い、地震を起こす力は、日本列島に対し直角に加わっていると主張されました。志田の時代から内外の研究者が考えていた、断層を境に働く1組の力によって地

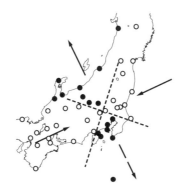

図 1.10 本多弘吉による 1931 年の「西埼玉地震」(M 6.9) の初動分布. ●は押し, ○は引きの分布.

震が発生するという「シングルカップルモデル」に対し、本多は 2 組の力源が直交する「ダブルカップルモデル」を提唱していました。図 1.10 には本多が初動方向を調べた、1931（昭和6）年の「西埼玉地震」(M 6.9) の例を示しました。この図から四象限が理解されるでしょう。しかしながら本多の主張する象限型双極力源モデル（ダブルカップルモデル）は必ずしも、最初は受け入れられませんでした。とくに大断層を目にしているアメリカの研究者にとっては、1 組の力で地震は十分に発生させられると考えられていました。この問題は「出来事」の1963 年の項にある丸山卓男（1934-2019）の「食い違いの弾性論」によって、ダブルカップルが証明されたことでようやく決着しました。その後、丸山は地震研究所の教授となりました。結果、理科年表の「日本付近のおもな被害地震年代表」の記述にも「左横ずれ断層型地殻内地震」(2018 年、鳥取西部地震) というような情報が含まれるようになりました。また、本多の日本列島へ直角に力が加わっているとの説は、その後に提唱されたプレートテクトニクスによって説明されましたが、むしろプレートテクトニクスの正しさを示す先駆的研究です。

1.8　深発地震

　1923（大正 12）年の関東大震災（大正関東地震、M 7.9）発生後、中央気象台は台長の岡田武松（1874-1956）の努力により、全国の地震観測網の整備、向上が進みました。気象台ではそれまでは御雇教師たちの開発したグレー・ミルン・ユーイング式地震計や大森房吉が開発していた小型の地震計に代わり、ウィーへ

ルト式地震計を中心とした観測網が作られました。ウィーヘルト式地震計も機械
式地震計でしたが、その特徴は、当時としては広い周波数帯域の地震波を安定し
て記録できることでした。ウィーヘルト式地震計は最初こそ輸入していました
が、その後、中央気象台内にあった測器製作の工場で製作され、毎年少しずつ観
測点が増えてゆき、観測網ができあがりました。岡田は地震観測業務の充実に加
え、地震の基礎研究を奨励しました。前節の本多弘吉の発震機構の先駆的研究も
岡田の奨励の成果が現れた研究といえるでしょう。

　「出来事」の1927年の項にある和達清夫(1902-1995)の「深発地震の存在を確認」
もまた岡田の奨励の成果です。当時は地球表面付近の地下数十キロメートルより
深い岩盤層では、岩石の荷重の不均衡はなくなり、またその深さになると高温、
高圧のため岩石は流動性をもつようになることから、破壊現象である地震は発生
しないと考えられていました。いわゆるアイソスタシー（地殻均衡論）です。た
だし、京都大学の志田順が、『国際地震彙報』の中に、遠方の地震を観測した場
合、非常に数は少ないながら異常に速く到達するP波のあることに気がつき「地
下数百キロメートルの深いところでも、地震が起こることがあるのではないか」
との示唆はありました。

　中央気象台の和達は整備されつつあった気象台や測候所の地震観測網の地震記
象を使って、1926年7月に琵琶湖・彦根付近に震央のある地震の走時曲線を作
成し、その走時曲線の解析から震源の深さを340 kmと求めました。和達はこの
地震を「深層地震」と呼びました。その後も中央気象台の観測網によって、震源
の深さが100 kmより深い地震の震源が求められるようになりました。

　現在は深さが60〜70 km未満の地震を浅発地震、それより深く300 km未満
のものをやや深発地震、300 kmより深い地震を深発地震と呼びます。やや深発
地震や深発地震は浅発地震と同じように、地球内部でどこでも起こるのではな
く、島弧やそれに似た構造を有する地域に分布することが明らかになりました。

　アメリカのベニオフ（Hugo Benioff, 1899-1968）はいくつかの島弧断面の震源
分布図を提出して、深発地震面の存在を明確にしました。そして深発地震面は
「ベニオフゾーン」と呼ばれていましたが、深発地震の存在を初めて明らかにし
た和達の功績が認識され、現在は深発地震面は「和達・ベニオフゾーン」と呼ば
れています。なぜ深い地震が起こるかはプレートテクトニクスの提唱により、そ
の理由が明らかになりました。本多の日本列島への力の加わり方、和達の深発地

震とも日本列島の地震観測網によって得られたデータの解析からの成果で、プレートテクトニクス推進の原動力になった研究成果です。

1.9 日本列島の地殻構造

「出来事」の 1929 年に「日本付近の地殻構造の推定」が松沢武雄（1899-1989）によってなされたとありますが、私の理解では、東京大学の地震学教室の人たちが秋田県黒川油田で行った地震探査を指すのではと思います。ただこの時、松沢は助教授で、ドイツに留学中でした。

秋田県の地震探査には、大森房吉に続き 3 代目の地震学教室の教授だった今村明恒（1870-1948）らが参加しました。これが日本での最初の地震探査による地下構造の研究の始まりであることは確かのようです。ただし、松沢は当時の学会誌『地震』に「地殻の構造の概要」を投稿していますので、「出来事」ではそれを指しているのかもしれません。また、松沢のドイツ出張（留学）は 3 月からで、その年の『地震研究所彙報』には、単著で 3 編、共著で 1 編の英文での論文が掲載されています。しかしここでは、実際に日本列島の地下構造が測定された経過について、述べておきます。

松沢が積極的に人工地震で日本列島の地下構造を求め始めたのは、第二次世界大戦後の 1950 年代になってからです。そのころ日本では電力不足を補うため、あちこちでダムが造られていました。ダム建設ではときどき、ダイナマイトで岩盤を崩す作業が行われていました。今村に次ぎ第 4 代の教授になっていた松沢は、地震学会の中に人工地震で日本列島の地下構造を調べる集まり、通称「爆破グループ」を組織して、あちこちで行われるダム建設の爆破作業のたびに、グループメンバーを総動員して測線を張り、人工地震観測を繰り返したのです。人工地震観測で重要なのは、可能な限り多量のダイナマイトを爆発させ、地震波をできるだけ遠方まで届くようにすることです。ダイナマイトの量が多ければ多いほど大きな地震に相当するわけですから、地震波は遠方まで届き、地震計を置く測線が長くなるため地下構造がわかる範囲も広くなります。

1961 年に完成した岐阜県の御母衣ダムは日本最大のロックフィルダムで、川を堰き止めるのに大量の土砂が必要でした。そのため、行われた爆破作業の時に 300 km の測線に地震計を並べて観測し、地殻の厚さを含む地下構造の解明を行いました。グループはあちこちのダムの建設現場で大きな爆破作業がある時に

写真 2 京都大学阿蘇火山観測所ウィーヘルト式地震計（1999 年 8 月 7 日撮影）.

は参加し、日本列島内の何カ所かで線状に地下構造が解明されてきました。1970
年ごろには、予算もつき、自前で爆破作業ができるようになったことから、測線
の不足している地域の構造も調べられるようになりました。線上で地殻構造を調
べる人工地震の手法に対し、面的に日本列島の地下構造を求める 2 つの研究がな
され、日本列島の地殻の厚さが明らかにされました。

　日本列島全域でも現在、理科年表でも示されている「日本各地の重力実測値」
のもとになるデータがそろってきました。東京大学の金森博雄はその重力値を
使って、日本列島の地殻の厚さを求め、1963 年に発表しました。

　また私は、気象庁のウィーヘルト式地震計（**写真 2**）で観測されたレイリー波
や、地震研究所が国内に設置している数カ所の長周期地震計で観測されたレイ
リー波を解析し、それぞれの位相速度から地下構造を求めました。

　表面波は地表付近にエネルギーが集中して伝播するので、波長あるいは周期が
長ければ長いほど地下深部にまでしみ込みます。そこで地球表面を伝わる表面波
の伝播速度を調べると、周期によってその速度が異なります。伝播している間

に、波長の長い波は速く、短い波は遅くなり、その周期と速度との関係を示す曲線は分散曲線と称します。各地で観測された表面波の位相の伝播速度を求め、ある地下構造モデルで理論的な分散曲線を求めておき、比較することによって、地下構造を推定するのです。

　指導教官の萩原尊禮は「地震の震源決定をより正確にし、地震予知に結び付けるには正確な地下構造モデルが必要である。」と、私には表面波から、別の学生には実体波から、日本列島とくに南関東の地下構造を求めるように指導していました。さらに萩原は表面波の研究をしていたアメリカ留学から帰国したばかりの助手・安芸敬一（1930-2005）に私の指導を依頼しました。次節で述べるように安芸は新潟地震で発生したラブ波を使って、地震のモーメントを求めていたころのことです。

　安芸と金森は東京大学地球物理学教室で坪井忠二（1902-1982）の指導を受けていました。4.1 節で述べるように、地震研究所時代の坪井は寺田寅彦（1878-1935）の薫陶を受けていましたので、安芸や金森は寺田の孫弟子になります。また萩原は地震学教室では今村の指導を受け、その退官後は助教授の松沢がドイツに留学中で不在のため、地震研究所の石本巳四雄（1893-1940）の指導を受けて「器械の萩原」と呼ばれ、いろいろな観測機器の開発を手掛けるようになったのです。そんな経過を考えると、私は今村や石本の孫弟子、寺田のひ孫弟子となるのでしょうか。この重力と表面波による 2 つの研究により、日本列島の地殻の厚さなどの地下構造の概要はほとんど明らかになりました。

1.10　地震モーメントと地震波トモグラフィー

　1964（昭和 39）年に発生した「新潟地震」（M 7.5）は、日本の近代化を象徴するような石油コンビナートや近代的な橋、鉄筋コンクリートの建物などが破壊され、市内の至る所で液状化現象が現れ建物が壊れることなく沈みました。その無残な姿は連日報道され続け、多くの研究者によって地震学、地震工学と多方面から研究され尽くされた地震でもありました。

　その成果の一つが「出来事」の 1966 年の安芸敬一による「地震モーメントの提唱」でした。安芸はアメリカ沿岸測地局が、1960 年から地球上 124 カ所に配置していた世界標準地震計（詳細は 5.3、5.5、9.3 節）の地震記録のラブ波から地震モーメントを求めました。提唱された地震モーメントは、断層の面積と断

層の動いた量、それに断層付近の剛性率の3つの要素を掛け合わせたものです。断層付近の剛性率といっても実際には地殻の剛性率で、場所による違いはほとんどないと考えられるので、地震のモーメントは断層の面積と断層が動いた量で決まると考えられます。

この考えのもと安芸は、新潟地震は走行が北から20度東で、西側に70度傾いた長さ100 km、幅20 kmの断層が、上下方向に4 mずれ動いたために発生したと明らかにしました。またその時の破壊の進行速度は、1.5 km/sec以下と求めています。このように、地震モーメントは断層運動の大きさに直接関係する量であることから、地震のモーメントマグニチュードの提唱に発展したのです。こうして1977年の「出来事」にある金森博雄の「地震マグニチュードの提唱」として、モーメントマグニチュードが定着したのです。

「出来事」の1976年の安芸による「地震波トモグラフィー」も、以後の地球の内部構造の研究方法を大きく変えた成果でした。人工地震により地下構造を調べる方法は、1つの震源に対し直線的に多数の地震計を配置して、その測線に沿っての走時を観測し、2次元的に地下の地震波速度を求めるのが基本でした。

トモグラフィーでは、逆に地震計を設置してある1つの観測点で、数多くの地震波を観測します。多くの地震を観測することにより、近い地震、遠い地震など、観測点の全方位から到来する波形を観測することができます。そして震源が決定した一つひとつの地震の震源距離から、1つの地球モデル（地球の内部構造）について、理論的にそれぞれの波（とくにP波）の到着時刻を計算します。このようにして求められた理論的な到着時刻と、実際に観測された到着時刻とを比較するのです。

もし、観測された波が計算された到着時刻より早く到着していたとすると、その地震の震源から観測点までの波線に沿う構造では、どこかで地球モデルよりも地震波速度が速い領域があると推測できます。同じように観測された波が、計算された到着時刻より遅く到着したとすれば、地球モデルより地震波速度の遅い領域があると推定されます。

1つの観測点に対し1000個、2000個の地震について調べることにより、3次元的な地球モデルで、地震波速度の速い領域と遅い領域が浮き上がり、地下構造がわかってきます。観測点付近だけの地下構造を求めるなら、震源距離の短い地震だけを使えばよいし、地球全体の構造を求めようとすれば、すべての震源距離

の地震を使えばよいのです。大型コンピュータを使うことにより、より精密な地球モデルが構築されるようになりました。

1.11 二重地震面

和達清夫によって発見された深発地震は、その後、和達・ベニオフゾーンの存在へと発展しました。そして、**図 1.8** に示すように、やや深発地震や深発地震は環太平洋地域など、地球上の特定地域に集中していることも明らかになってきました。プレートテクトニクスの提唱により、和達・ベニオフゾーンは、厚さが 70 〜 100 km 程度のプレートが地球内部へと沈み込んでいる姿であることがわかってきたのです。

日本列島付近の太平洋岸では、千島・カムチャッカ海溝、日本海溝、伊豆・小笠原海溝がほぼ南北に延びています。その海側（東側）から太平洋プレートが日本列島の下に沈み込み、伊豆・小笠原海溝側では、南から北上してきたフィリピン海プレートの下に沈み込み、それぞれが和達・ベニオフゾーンを形成しています。北上してきたフィリピン海プレートは紀伊半島から四国沖では南海トラフ、九州から薩南諸島、琉球諸島にかけては南西諸島海溝に沿って日本列島の下に沈み込んでいます。とくにその北東端では沈み込むフィリピン海プレートが首都圏直下に達し、その先端は太平洋プレートに接するという、複雑な構造になっています。

東京大学地震研究所は創立以来、首都圏の地震活動を精査すべく地震観測網を充実させてきました。とくに、1948 年の福井地震の余震観測で、当時東京大学の学生だった浅田敏（1919-2003）、鈴木次郎（1923-1997）が、微小地震の存在を明らかにしたことから、その活動を究明すべく観測網が構築されていました。この観測網は既存の気象庁の観測網よりはるかに多くの観測点が配置され、精度良い震源決定がなされるようになりました。その結果、沈み込むプレートの上面や下面、日本列島を構成する岩盤との接触面付近で地震が発生していることが明らかになりました。沈み込むプレート内では、地震が同じように起こっているのではなく、その上面と下面に集中し、その間には地震の空白領域が存在することが明らかになったのです。

「出来事」には 1973 年、1975 年に「二重地震面の発見」との記述があります。地震研究所の津村建四郎（1933-）は、地震研究所の微小地震観測網のデータを

使い、首都圏直下の地震活動を調べ、この事実を指摘しました。

　東北大学の海野徳仁（1948-）と長谷川昭（1945-）は、東北大学の微小地震観測網を使い 50 km より深い領域で起こった地震の震源決定を行い、沈み込むプレート内の地震の震源が明らかに上下 2 面に分かれていることを示しました。しかも、上面の地震は圧縮力で起き、下面は逆に引っ張る力で起きていること、つまりその発生メカニズムが異なることも明らかにしました。

【図・写真の出典】

［図 1.1］　国立天文台編『理科年表 2022』，丸善出版（2021），地 210（810）.

［図 1.2］　神沼克伊ほか著『図説 日本の地震』，東京大学地震研究所，研究速報第 9 号（1973），24，東京大学地震研究所蔵　を元に作成.

［図 1.3］　神沼克伊ほか著『図説 日本の地震』，東京大学地震研究所，研究速報第 9 号（1973），48，東京大学地震研究所所蔵　を元に作成.

［図 1.4］　国立天文台編『理科年表 2022』，丸善出版（2021），地 116（766）.

［図 1.5］　神沼克伊ほか著　『図説 日本の地震』，東京大学地震研究所，研究速報第 9 号（1973）6，東京大学地震研究所所蔵　を元に作成.

［図 1.6］　国立天文台編『理科年表 2022』，丸善出版（2021），地 238（838）.

［図 1.7］　国立天文台編『理科年表 2022』，丸善出版（2021），地 239（839）.

［図 1.8］　国立天文台編『理科年表 2022』，丸善出版（2021），地 236（836）.

［図 1.9］　国立天文台編『理科年表 2022』，丸善出版（2021），地 237（837）.

［図 1.10］神沼克伊ほか著『図説 日本の地震』，東京大学地震研究所，研究速報第 9 号（1973），60，東京大学地震研究所所蔵　を元に作成.

［写真 1］　著者撮影.

［写真 2］　著者撮影.

第2章　火山のいろいろ

2.1 世界のおもな火山

アメリカのワシントン D.C. にある国立自然史博物館では、多くの国の火山研究者に依頼して、地球上の火山の活動状況を調べています。国際火山・地球内部化学協会も各国の研究者の協力で、火山カタログを作成しています。そのような情報をもとに、理科年表の「世界のおもな火山」はまとめられています。図2.1には日本を除く地域の144座の火山の分布が示されています。図2.1を注意深く見ると、第1章の図1.8の「世界のプレート境界と深い地震の分布」とかなり似ていることに気が付くでしょう。とくに太平洋の周辺には火山が分布し、深い地震も分布しています。

多くの火山は、プレート境界に位置しています。しかし、図2.1の番号111、112はハワイの火山で、太平洋プレートの中央に位置しています。同じようにアフリカ大陸内に分布する火山も、ほとんどアフリカプレートの内部に位置し、プレート境界に位置する火山ではありません。同じように番号54は南極大陸縁に位置するエレバス火山ですが、やはり南極プレートの中にあります。このようにプレート内に位置する火山は、マントル深部から上昇してきたマントルプルームと呼ばれるマグマが、プレートを突き破って地球表面に噴出し、火山体を形成しています。このような火山をプレート境界の火山とは区別して、ホットスポット型火山と呼んでいます。

番号130～138はアイスランドの火山です。ユーラシアプレートと北アメリカプレートの境界を形成する大西洋中央海嶺の上に噴出したのがアイスランドで典型的な火山島ですが、その噴出物から、ホットスポット型火山とされています。

南極のエレバス火山が発見されたのは1841年、磁石の南（南磁極）を求めて、現在のロス海を南下していた、ジェームス・ロス（James Clark Ross, 1800-1862）に率いられたイギリスの探検隊によってです。この時はエレバス火山の活動は活発だったようで、日の沈まない南極の夏の季節で夜も暗くならないのに山頂から真っ赤な溶岩が流れ下っているのが視認されています。探検隊の人々は雪と氷の世界の南極で、火山噴火を目撃し大変驚いたようです。しかもイギリスには火山もないので、ほとんどの隊員は初めて火山噴火を見たのでしょう（詳細は拙著『あしたの南極学』青土社、2020　参照）。

気候の温かい寒いは地球表面の話です。火山噴火は地球の内部からの物質の噴

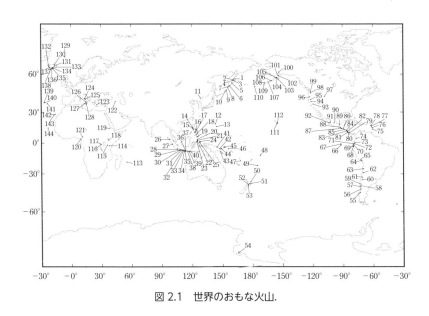

図2.1　世界のおもな火山.

出ですから、寒い暑いには関係なく、火山が南極に存在しても不思議ではない
のです。南アメリカ大陸南端の先にある南極半島付近のデセプション島も火山
島で、1967年には噴火があり、島に建設されていた観測基地は破壊されました。
以後、越冬基地は閉鎖されています。

　「世界のおもな火山」の表にはない火山も含め、毎年地球上では数十の火山が
噴火を繰り返しています。その中にはもちろん日本の火山も含まれます。

　理科年表の表の噴火様式にストロンボリ式噴火、ブルカノ式噴火、プリニー式
噴火などが示されています。ストロンボリ式噴火は、番号126のストロンボリ島
の火山噴火様式をとって火山学用語として使用されています。ストロンボリ島は
番号127のブルカノ島とともに、イタリアのシチリア島の北に並ぶリパリ諸島
（エオリア諸島）の北端に位置しています。ドカーン、ドカーンと周期的に爆発
を繰り返し、溶岩や火山弾を噴出します。その周期的な活動の繰り返しから「地
中海の灯台」と呼ばれています。

　リパリ諸島の南端に位置するのがブルカノ島です。現在の火口周辺の標高は
500m足らずで大きな火山ではありませんが、溶岩塊や火山弾を爆発的に放出
し、大量の噴煙は数千メートルに達します。このような噴火形態をブルカノ式噴

火と称し、火山学用語になっています。爆発力が大きく、ギリシャ神話では地下に火の神「ウルカン」がいると信じられ、「地中海の溶鉱炉」との異名が付いています。

　発泡した礫や溶岩片などを 1 万メートル以上の成層圏にまで噴き上げ、大量の軽石、スコリア、火山灰などが厚く堆積する噴火を「プリニー式噴火」と呼びます。爆発は数十分から数時間に及び、継続的に火砕物や火山灰の噴出を続けます。番号 125 のベスビオ山の 79 年の噴火で、古代都市ポンペイを消滅させたのは、この様式の噴火でした。

　ただし、各火山は必ず同じような噴火を繰り返すわけではなく、その時々で噴火様式は異なる場合があります。ストロンボリ島もブルカノ式噴火をすることもあります。

2.2　日本のおもな火山

　理科年表には図 2.2 に示したように、第四紀（「地質年代表」参照）に生じた火山として 500 座近い火山が並んでいます。そして「日本のおもな火山」の表の中には、その火山の型式や活動年代や補足事項などが記載されています。この表の中には海底火山も含まれ、北方領土の火山や島根県の竹島も記載されています。ともにロシアや韓国が実効支配していて、日本の研究者は近づくことすらできません。

　竹島の項には標高は 168 m、型式として S,C, おもな岩石は o, おもな活動期 Ep（2.7 ～ 2.1 Ma）と記されています。これは「成層火山（S）であり、カルデラ（C）の地形が認められること、島を構成するおもな岩石はアルカリ岩（o）、270 万年前から 210 万年前ごろに活動していた」というような情報が得られます。

　1960 年ごろまでの日本の中学校や高校で使う社会科地図帳には、いくつかの火山を帯状に並べ千島火山帯、那須火山帯、鳥海火山帯、富士火山帯などと名前が付けられていました。現在、これらの火山帯名は死語になりました。そして図 2.2 でわかるように、北海道から東北日本、中部地方、さらに南へ延びる伊豆諸島から小笠原に至るグループと西日本から九州、薩南諸島へと続く 2 つのグループに分けられました。東日本のグループは「東日本火山帯フロント」、西日本のグループは「西日本火山帯フロント」と呼ばれています。

　日本の火山に関する調査研究は、地震と同じように震災予防調査会によって始

まりました。ここでも大森房吉が登場します。震災予防調査会会長事務取扱・大森房吉の名で、1918 年 2 月に上巻、9 月に下巻からなる『日本火山噴火志』が、震災予防調査会報告第 86 号として出版されました。古文書では日本書紀、続日本紀、日本後紀などに始まり、学術書では、それまでの震災予防調査会報告、大日本地震史料、地学雑誌などの当時の学術書、官報、各地の新聞、個人の日記など、可能な限りの史資料が参考にされたようです。

　そして記録に残る最も古い火山噴火として 684 年 11 月 29 日（天武天皇 12 年 10 月 14 日）に伊豆諸島で島が現れる活動があったことが記載されています。島の名前もわからず、当時の伊豆は都（奈良）からは、未開の地だったのでしょう。伊豆諸島が流刑の島となったのはもっと後の話になるのです。

　2 番目が 685 年 4 月（天武天皇 13 年 3 月）信濃の国で灰が降り、草木が枯れたとのことから、浅間山の噴火だろうと推測されています。北海道の火山はもちろん、千島の火山噴火の記録も掲載されています。そして、最大の噴火としては、1910 年の北海道・有珠山の明治新山が出現した噴火、1914 年の桜島の大正溶岩噴出の噴火などが最新の噴火として記載されています。

　大森は日本の火山を、活火山、休火山、死火山と分類しました。活火山は現在も活動している火山で、有珠山、浅間山、阿蘇山、霧島山、桜島などがその範疇に入りました。休火山は古文書などには噴火の記録が残っているが、現在は活動していない火山で、富士山がその典型でした。そして現在も地熱地帯があったりして、火山であることは間違いないが、もう噴火活動はしないと考えられる火山を死火山と定義しました。箱根や御嶽山がその例です。

　その後、日本の火山学の現場ではこの分類が使われ、私自身もそのように学んできました。ところが、その定義が覆される噴火が発生し、日本の火山研究者や火山防災に携わる人々は大転換を迫られることになりました。その詳細は次節で述べます。

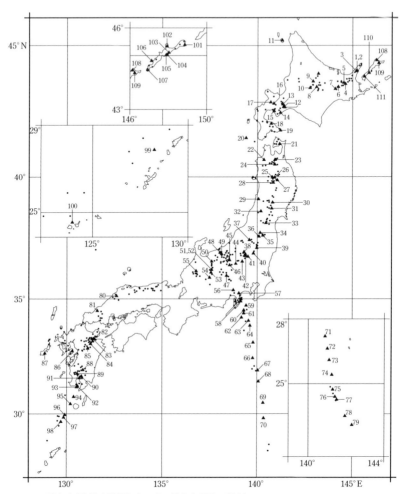

▲ 活火山(番号は理科年表の表の活火山番号に対応)
• 活火山ではない第四紀火山

図 2.2 日本の火山.

2.3 活火山

死火山と定義されていた御嶽山(おんたけさん)(3067 m)で、1979年10月28日、突然噴火が発生し、地元の自治体を始め関係者を驚かせました。とくに驚いたのは火山研究者たちでした。もう噴火することの無い火山と教えられ、その通りと考えていた火山が生き返ったのです。ただし、御嶽山を死んだ火山と考えていたのは、大森房吉の伝統を受け継いだ日本の火山研究者たちで、実際には1962年に当時の「国際火山学協会」が出版したカタログには、将来噴火する可能性のある火山と定義されていました。カタログ作成に参加した日本人からの情報だと思いますが、日本ではあまり議論されずに情報提供をしたのでしょう。

その後も、国際火山学協会が発展した「国際火山学及び地球内部化学協会」でも、活火山の定義が検討されました。その結果「おおむね過去1万年以内に噴火した火山及び現在活発な噴気活動のある火山」を活火山と定義し、休火山や死火山という言葉は使われなくなり、死語となりました。

新しい活火山の定義に沿って、日本の活火山が再調査され、それまでは20〜30座程度と考えられていた活火山が111座になりました。その111座の火山の分布も図2.2に示されています。また「日本のおもな火山」の中の活火山の番号の項に、数字が記入してある火山が活火山です。図2.2の番号に対応しています。

図2.2を見ればわかるように、111座の活火山の中には、北方四島の択捉島、国後島の11火山が含まれていますので、実際には現状で噴火したら日本国民が被害を受ける可能性のある火山は100座です。また伊豆諸島南方の明神礁(番号67)、須美寿島(すみす)(番号68)、孀婦岩(そうふがん)(番号70)は、海面上に突き出た岩礁です。そのほかの海底火山で活火山とされている火山が9座あります。これらの火山が噴火しても日本国民が直接被害を受ける可能性はありませんので、日本列島内で噴火して被害が出る可能性のある火山は88座になります。そのうち渡島大島、西之島、硫黄鳥島は無人島ですから、噴火した場合、直接住民が被害を受けそうな火山は85座です。

しかし2021年に例外的な出来事が起こりました。海底火山の福徳岡ノ場(番号77)が2021年8月、海底噴火を起こしました。海上保安庁などの調査で、新島出現が確認されましたが、間もなく波浪により消滅したというニュースが流れ

ました。噴火活動は、それ以上は続かなかったようですが、爆発から2カ月以上が経過した10月末ごろから、沖縄諸島の島々に、福徳岡ノ場の噴火で噴出したと推定される軽石などの火山噴出物が大量に漂着し始めました。小さな漁港は海面全体が浮遊する軽石などの噴出物で埋まり、漁船も操業に出られず、定置網の魚は、軽石を飲み込み死亡するなどの被害が出ています。11月になると被害範囲は伊豆諸島にも広がっています。

福徳岡ノ場の海底噴火は過去にも起こりましたが、2021年のような軽石が浮遊して、被害が出るというような報告はありませんでした。

理科年表には「最近70年間に噴火した日本の火山」が示されています。1950年から2019年の70年間ですが、少ない年で3座、多い年は8座の火山が噴火しており、平均すると毎年5〜6座の火山が日本列島のどこかで噴火していることになります。その中には海底火山の噴火も含まれます。

火山の噴火とは、地下深部から上昇してきた高温のマグマにより熱せられた地下の物質が、急激に放出される現象です。その物質にはマグマ、溶岩、水蒸気を主体とする火山ガス、マグマの固結した火山弾、軽石、火山灰などがあります。

2015年に噴火した火山の中に箱根があります。2015（平成27）年6月、箱根ではときどき身体に感じる地震が含まれる群発地震が発生している時期に「小規模な噴火が発生した」と気象庁が発表しました。私はこの事実を新聞報道で知ったのですが、すごく違和感を覚えました。噴火が確認されたという大涌谷は地熱地帯で、温泉供給のための噴気孔が並び、至る所から蒸気が立ち昇っています。その噴気孔群の中の一つから少量の泥土が噴出したようです。噴煙が上昇したとか、噴出物が高く噴き飛ばされたというような噴火ではなさそうでした。現在でこそ箱根は活火山とされていますが、死火山とされていた時代に、この現象を目撃した人が「箱根が噴火した」といえるかどうか疑問です。

大涌谷は活火山・箱根が感じられる箱根の中では最大のポイントで、多くの観光客が訪れます。火山ガスの発生が確認されたら、避難が呼び掛けられる場所です。そんな場所なので、泥土の噴出が確認され、噴火発生と断定されたのでしょう。しかし、大涌谷のような場所は特別で、多くの噴火口付近は、人間の目が届きにくい場所です。ですからほとんどの噴火の確認は、山麓から視認して決められるのです。噴煙の上昇が認められた、爆発音が聞こえた、噴石が認められたなどの現象の確認によって、噴火したと判断されるのが一般的です。

　逆に、山頂の噴火口内に異常が認められても、噴火が発生したとは認められていない例もあります。大分県別府温泉の西側には、南北5 kmに溶岩ドームが並ぶ鶴見岳（1375 m）が位置しています。そのドーム群の北端にある伽藍岳（1045 m）の山頂付近には直径300 mの火口地形が残っています。1995年にはその地形の中に、直径1 mぐらいの噴気孔から泥土が噴出し、長径10 m、短径7 m、高さ4 mの楕円形の泥土の小山が形成されました。しかし表の中には1995年に鶴見岳（伽藍岳）が噴火したとは記載されていません。

　このように火山噴火の確認は、地震計のような観測器械や山頂に設置された固定カメラで行われることは少なく、人間が目で確かめて決定しています。したがって、すべての噴火活動が確実に記録されてはおらず、小さな噴火に関しては、見落とされている可能性もあります。火山噴火とはそのような現象であることを理解しておいてください。

2.4　活火山の観測

　気象台や測候所への地震計の配置は、地震による被害を少しでも少なくしようとする、地震防災、減災の目的から実施されましたが、火山への地震計の配置や測候所の設立も、噴火の被害をできるだけ少なくする目的で行われました。

　詳しい経過は後節で述べますが、浅間山に震災予防調査会が設置していた湯の平の観測所が、1924年に軽井沢測候所に移管され、中央気象台が初めて火山観測を業務の一つに組み入れました。1931年には火山観測をおもな任務とする阿蘇山測候所、1938年には伊豆大島測候所が建設されていきました。さらに、第二次世界大戦中でしたが、北海道駒ケ岳、有珠山、樽前山、桜島、那須山、伊豆鳥島（1965年、無人島になったので廃止）、雲仙岳などの火山に、次々に測候所が新設され、火山観測とともに気象観測も実施してきました。

　1974年に発足した第1次火山噴火予知計画のもと、火山観測所の整備・新設が進められ、雌阿寒岳、十勝岳、吾妻山、安達太良山、磐梯山、草津白根山、三宅島、霧島山などでも火山観測が行われるようになりました。すべての火山に測候所の建物が設置してあるわけではなく、地震計は各火山体内に設置されていても、その信号（地震波記録）は無線で最寄りの気象台や測候所に送られています。このように送信技術の進歩が、人里離れた火山体内にも地震計を含む観測器械の設置を可能にしました。

　日本列島に存在する多くの火山の中でも、今後、噴火の可能性がある火山を活火山と定義したのですから、活火山ならいつでも噴火する可能性はあります。しかし、実際に噴火する火山は 1 年間に数座で、それも同じ火山が繰り返し噴火しています。ほとんどの火山は静かに存在し、地元の人たちに多くの火山の恵みを提供し続けているのです。

　気象庁の地方気象台や測候所のほかに、次章で詳述する研究目的で設立された大学の火山観測所もありますが、それらは合計しても活火山全体の 20% 以下です。多くの活火山が、その活動状況を調べられることなく、存在しています。そこで、気象庁は長官の諮問機関として組織されている火山専門家の集まりの火山噴火予知連絡会に依頼して、火山噴火に対する防災上の立場から、常時監視をした方がよい火山 50 座を選んでもらい、観測体制を強化しています。その 50 座の中には北海道の大雪山、青森の十和田、伊豆諸島の新島、神津島、八丈島、青ヶ島、さらに死火山とされていた御嶽山や泥土が噴出したが噴火は確認されなかった鶴見岳、伽藍岳も含まれています。

　気象庁はこれらの火山には、地震観測網を設け地震が起ればその震源を決め、地震活動を常時監視しています。空振計や監視カメラを設置し、爆発の瞬間を確認、記録することや GPS や傾斜計などの機器も設置して、山体のふくらみなど地殻変動を検出する観測などを継続しています。

　しかし、注意が必要なのは、気象庁が常時監視を続けている火山だから噴火前には必ず「何らかの情報」が発せられると考えてはいけません。火山一つひとつにはそれぞれ個性があり、たとえ噴火の前兆的な現象があったとしても、噴火に至る活動形態が異なりますし、噴火様式も異なります。同じ火山でも、前回はこんな経過をたどって噴火したとわかってはいても、次の噴火はまったく異なった活動をするかもしれません。「噴火の前兆現象」を前兆ととらえて、火山噴火情報が出されることは、ほとんど期待できません。50 座の監視体制のある火山で、気象庁がその噴火の性質や噴火形態を十分に予測できる火山は、あったとしても、1 座か 2 座です。ほとんどは予測できません。気象庁の監視技術レベル以前の問題として、それぞれの噴火に直面した回数が少なく、各火山の性質を十分に把握できていないからです。

　常時監視を続ける各火山に対し、それぞれの気象台や測候所では、火山の専任担当者として、3 〜 4 人の職員が配置されているでしょう。いつ起こるかわから

ない噴火現象、異常現象ですから、昼夜 24 時間の監視体制が必要なわけです。単純計算では、50 座の活火山に対し 200 人ほどの職員が日夜働いているわけです。そんな中で噴火する火山は年 6 座程度ですから、毎日の努力が報われて、火山噴火を支障なく観測できたという人たちは、全体の 20% にも達しないのです。自然を相手にする仕事は、このように地道な観測の継続で労多くして効少ない仕事かもしれません。しかし火山国日本では、その努力によって国民が安心して生活できているのです。

2.5 活火山の噴火記録

　すでに述べたように、日本の火山研究は大森房吉によってまとめられた震災予防調査会報告第 86 号の『日本火山噴火志』がその原点です。気象庁に設けられた火山噴火予知連絡会は、この日本火山噴火志の記載分類から発展し、その後の各火山の噴火活動をも記載した『日本活火山要覧』（昭和 50 年、1975）を編集・出版しました。また気象庁は、火山防災業務の円滑な推進を目的に『火山防災業務便覧』（昭和 53 年、1978）を編集・出版しました。その後、各火山周辺の開発・発展に伴い周辺の環境は大きく変化して、火山防災上の様々な問題点が浮上してきました。これらの新しい要求に対応するため、気象庁は前記 2 書の内容を更新・拡充して、新しく『日本活火山総覧』（昭和 59 年、1984）を発刊しました。この総覧には気象庁ばかりでなく、大学関係、防災関係機関の観測施設や研究成果も含まれており、いわば各火山の総合辞典の役割を果たし、現在は第 4 版と改訂が継続されています。日本の活火山に関しては、その噴火活動履歴はもちろん、観測体制や周辺の状況、決定された地震の分布など観測結果の科学的成果も示されています。

　理科年表の「日本の活火山に関する噴火記録」の記載は、気象庁の総覧に準拠して、噴火記録が記載されています。記録が残っている火山については、その噴火場所が山頂からか、山腹や山麓かが示されています。ストロンボリ式噴火、ブルカノ式噴火、プリニー式噴火などは「普通の火山爆発」として示されます。続いて溶岩流、火砕流、溶岩泥流などの記載マークがあれば「普通の火山爆発」と称しても、被害を伴うような大きな噴火であることを示唆します。溶岩ドームが出現した噴火もまた、大きな噴火です。

　水蒸気爆発も同様で、火砕流の噴出があれば大きな被害が発生している可能性

が高いです。三宅島や西之島など、火山島での噴火の場合には、周辺で海底噴火が発生することもあります。蔵王山のように火口湖からの湖底噴火が発生したことも示されています。火山噴火による津波の発生も無視できません。雲仙岳の 1792 年の噴火の際に発生した前山崩壊に伴い津波が起こり、対岸の熊本県で 5000 人が命を失っています。「島原大変、肥後迷惑」の言葉が残る出来事です。

　有珠山の噴火では 1663 年、1853 年、1944 ～ 1945 年の噴火では溶岩円頂丘（溶岩ドーム）の記述があります。1944 年の噴火では昭和新山が生成され、1910 年の噴火では溶岩が地表には噴出しませんでしたが、地表付近まで上昇したため地面が盛り上がって、明治新山が出現しました。

　磐梯山の 1888 年の噴火は、山頂からの水蒸気爆発ですが、山体破裂・崩壊による噴出物の総量は 1.2 km³ と見積もられ、北側の多くの村落が埋没しました。この噴火によって現在の裏磐梯の美しい景観が創出されたのです。五色沼は噴出物の上にでき、檜原湖、小野川湖、秋元湖は噴出物によって流れが堰き止められて出現した湖水です。

　浅間山の 1783 年（天明 3 年）の噴火も「普通の火山爆発」で火砕流、火山泥流、溶岩流などが発生して噴出物総量 2 億 m³、日本で起こった史上最悪の災害をもたらした噴火です。記載されている記事からその惨状を想像してください。

　2013 年に始まった西之島付近の海底からの噴火では、新島が出現し、継続する噴火活動で溶岩の流出が続きました。これにより新島は西之島にくっつき、その面積は拡大して 2017 年 6 月の島の面積は 2.91 km² にもなりました。この火山活動は 2022 年 3 月になっても噴煙が確認され継続中です。平成から令和にかけ、日本の国土が拡大している噴火活動です。無人島ですから被害はありませんが、現在日本列島で最も活発に活動している火山の一つといえます。

　桜島は 864 年［長崎鼻溶岩（天平溶岩とも称する）］、1471 ～ 1476 年（文明溶岩）、1679 年（安永溶岩）、1914 年（大正溶岩）、1946 年（昭和溶岩）と 5 回の溶岩噴出が記録されています。また 1955 年から 2021 年の今日まで、ほぼ連続的に火山活動が続き、大量の火山灰が噴出しています。

　薩南諸島の薩摩硫黄島、口永良部島、諏訪之瀬島は、20 世紀後半から、21 世紀に入っても、活発に活動している火山島です。とくに諏訪之瀬島は 1813 年の噴火で溶岩が噴出し、全島民が島の外に避難して 70 年間、無人島になりました。1999 年から 2021 年の現在まで毎年噴火が繰り返されている、活動が最も活発な

火山の一つです。

2.6　黎明期の火山活動調査

　明治の文明開化後、初めての火山の大噴火は 1888 年の磐梯山の噴火でした。噴火後何人かの地質学者や地形学者が現地調査を試みたようですが、日本火山噴火志には、後年、東京大学地震学教室の初代教授となる関谷清景の調査報告が掲載されています。関谷は現地調査の報告論文を『東洋学芸雑誌』第 85 号、86 号にも投稿しています。噴火現象の時系列に沿った詳細な報告です。その後、研究者が語る多くの磐梯山の噴火活動の説明は、ほとんど関谷の報告に基づいています。

　震災予防調査会の調査活動は火山噴火にも向けられました。明治 43（1910）年の有珠山の噴火には、大森房吉自身が現地調査をしています。大森は 7 月 21 日に数回の微震が観測され、22 日、23 日と山麓で感じる地震の数は増え、24 日は地震の数は 350 回になり、25 日午後 10 時に、有珠山の北西麓より噴火が始まったと記しています。そして洞爺湖と噴火口が並ぶ間に地盤の隆起が認められ、その高さは 9 月中旬には湖面から 700 尺（約 210 m）になり、「新山出現」と断定しています。明治新山（四十三山）の生成です。

　大森は明治新山を含め、有珠山のこの時の火口群やそこから噴出する何本かの噴煙などを写真に撮り、噴火志にも掲載しています。そしてその前年の樽前山の噴火で形成された溶岩ドームの写真も載せています。たぶん、この樽前山の溶岩ドームの写真は、少なくとも日本の研究者が撮影した、日本国内の火山噴火の写真の第 1 号ではないかと推測されます。

　その後も大森はあちこちの火山の写真撮影を行い、噴火志に掲載しています。浅間山に関しては明治 44（1911）年 12 月 24 日撮影の天明の噴火で噴出した鬼押出しの溶岩流や、明治 45（1912）年 7 月 2 日撮影の噴火口の写真があります。浅間山ばかりでなく、火山の噴火口内の写真撮影はこの時が史上初めてだったでしょう。また大正 4（1915）4 月撮影の島原温泉岳（雲仙岳）の溶岩流の写真も掲載されています。

　1914 年 1 月 12 日からの桜島の噴火では、大森も噴火直後から現地に入り、詳細な報告が『噴火志　上編』にもなされています。噴火志の報告では撮影者は記されていませんが、1 月 12 日 11 時ごろの、鹿児島市から撮影した桜島の写真が

写真3　焼岳と出現後100年以上が経過しても立木が残る大正池. 山頂付近の白い塊は噴煙ではなく雲（1990年ごろ撮影）.

掲載されています。噴火が開始したのは10時ごろですから、噴火から1時間程度で噴煙は3000mを超えている様子が視覚データとして初めて残されたのではないでしょうか。

　4月9日には大森自身が撮影した、島の東側の黒神村で灰に埋まり、上の部分だけが露出している鳥居の風景写真、4月10日の撮影で瀬戸海峡が溶岩で閉塞され、桜島が大隅半島と接続し島でなくなった直後の姿も撮影され、掲載されています。また4月25日の撮影で、島の南の有村に噴煙を上げながら押し寄せる溶岩流の写真も掲載されています。

　興味深いのは、信州の山奥にあり、なかなか情報が届きにくかったと推定される北アルプスの焼岳にも、噴火前から注目していることです。焼岳（硫黄岳）は明治40（1907）年ごろから周辺に降灰があったと報告されました。これに大森も興味・関心を抱いていたようで、噴火志には大森自身の調査結果が報告されています。その状態はその後も続き、大森は明治45（1912）年6月、上高地に入り、焼岳の姿を撮影しています。ただし、その時の写真には焼岳の噴煙は認めませ

せん（**写真3**）。焼岳は大正4（1915）年6月6日に噴火し、山腹から流出した火山泥流によって梓川が堰き止められ、大正池が出現した様子が、詳細に報告されています。

　東京大学教授で震災予防調査会の委員だった小藤文次郎らは、全国の活火山、休火山の地質調査を実施し、その活動歴などを明らかにしています。

2.7　噴火の大きさ

　火山噴火の大きさはどのように決めるのでしょうか。地震の場合にはモーメントマグニチュードがその大小を決める物差しでした。地震のエネルギーは地下の岩盤の破壊という機械的な要素だけなのに対し、火山噴火現象は高温物質の移動という熱的な要素を含み、現象そのものが非常に複雑なため、良い指標はありません。

　また地震の発生ははとんどの場合、一つひとつ明瞭に区別できるのに対し、噴火の場合は個々の爆発だけを取り上げてもあまり意味がありません。噴火活動の始まりから終わりまでに起こったすべての現象を包括してその活動の大きさを決めなければ、地球物理学的には意味がありません。観測網が充実している火山でも、その機械的、熱的現象を確実にとらえることは難しく、大きさの物差しを決めにくい原因になっています。

　噴火に伴うエネルギーの推定には、どんな形でエネルギーが放出されているかが、重要な要素になります。桜島のように溶岩が流出した噴火では、まず噴出した溶岩の総量とその溶岩を地表まで持ち上げた「位置エネルギー」とその高温な溶岩がもっている「熱エネルギー」が、その噴火の大きさを表す主要な部分となります。噴出した物質の総量が多いほど、大きな噴火になります。高温な火山灰の温度と噴出量も火山噴火の大きさを測る物差しとなります。

　1888年の磐梯山の噴火のように、爆発によって山体を破壊し吹き飛ばす噴火では破壊を起こした「運動のエネルギー」が爆発の大きさを示します。地震が発生すれば、さらに破壊のエネルギーが加わります。火山噴火の場合は「位置」「運動」「熱」のエネルギーの三形態が基本で、その根底にはそれぞれのエネルギーに関与する物質の総量があります。大量の火山灰、大量の溶岩、大量の火砕噴出物などが、噴火の規模を拡大します。そんな中で、熱エネルギーが、ほかのエネルギーよりも一桁以上大きいです。まさに桁違いになります。したがって、地震

のモーメントマグニチュードのような「噴火の規模」を表す「物差し」は確立されていませんが、現在、理科年表にあるように 2 つの指標が用いられています。

　その 1 つが「火山爆発指数」です。VEI（Volcanic Explosivity Index）と略称され、アメリカの科学者 2 人によって提唱された指標です。火口から空中に向かって飛び出した火砕物（言い換えれば爆発的噴火で噴出した火砕物の総量）に着目し、小規模のものから大規模のものまでの差を対数目盛で 0 から 8 の 9 段階で示しています。VEI が 0 は空中に噴出された物質の総量が 1 万 m³ 以下の噴火、最大の VEI である 8 は 1000 km³（1 兆 m³）を超える噴火です。噴出物質の総量が追跡できれば過去の噴火の VEI も求められるので、大きさの比較ができる便利さがあります。その反面、噴出物総量の測定作業は大変です。すべてに正確を記すことは期待できません。また、最大の欠点は溶岩ドームや溶岩流のように、噴火口から流れ出はしたが空中には飛び出さなかったものは含まれません。溶岩ドームや溶岩流は熱エネルギーを多く放出しますが、それは VEI には反映されないのです。

　そこで噴火口から噴出したすべての物質、空中に飛び出した火山灰、火山礫、火砕物、流れ出した溶岩流、堆積した溶岩ドームなどの総量を重量で測定して対数で表したのが「噴火マグニチュード」です。また、時間当たりの噴出量を求めることにより噴火の勢いを示す「噴火強度指数」も提唱されています。大噴火ではこのような数値は調べられていますが、小規模な噴火では調べられてることが少なく、日本の火山ではこれらの値はほとんど調べられていないようです。噴火の大きさが、地震のマグニチュードのように簡単に決められないことを理解しておいてください。

【図・写真の出典】

［図 2.1］　国立天文台編『理科年表 2022』，丸善出版（2021），地 110（710）.
［図 2.2］　国立天文台編『理科年表 2022』，丸善出版（2021），地 117（717）.
［写真 3］　著者撮影.

第3章　地震観測の黎明期

3.1　東京大学での地震観測

　日本というより人類の本格的な地震の観測研究は、すでに述べたように、1880年の横浜地震の発生で、東京大学の御雇教師たちが地震に興味をもち、始まりました。とくにミルン、ユーイングらは、地震計の開発に取り組んだのです。1878年に理学部の御雇教師だったユーイングは、大学構内に地震学実験所を設け、自身が開発した地震計を設置して観測を始めました。理学部を卒業していた関谷清景が、ユーイングの助手に採用され、彼の指導を受けながら地震の観測と研究をしていました。1883年にユーイングは帰国しますが、その折「関谷の協力で自分の研究が進んだ。彼に後事を託すが立派な後継者であり、後顧の憂いなく帰国できる」と第1章でもふれたように最大の賛辞を残しています。1883年、地震発生の状況を調べるため、関谷は4階級の震度階を考案しました。

　1885年に東京大学理学部の校舎が本郷に移転し、それに伴って地震学実験所はささやかながら地震学教室になり、関谷は教授に昇格して、初代の地震学教室主任になりました。また工学部の御雇教師だったミルンは、それまで地震学会会員の立場で地震研究をしていましたが、移転を契機に日本政府から地震研究も命ぜられました。そのために給料も上がり、公然と地震学教室で指導ができるようになりました。地震学教室には彼らの開発した地震計が設置され、観測を続けていました。

　1891年10月、濃尾地震が発生し、東京大学からも現地調査に多くの教官が参加しました。その現地調査の実質的責任者を病状の良くない関谷に代わり、嘱託助手の大森房吉が勤めました。さらに大森は「地震学講座分担　講師　大森房吉」として、講義も担当していました。この年、帝国理科大学に入学したのが今村明恒でした。地震が起こると、大森はすぐ現地の状況把握のために今村を現地に向かわせましたが、間もなく呼び戻し留守役をさせたようです。今村は現状報告後、調査隊に参加できると思っていたのが、実現できず残念だったようです。

　1892年に震災予防調査会が発足し、日本でも本格的な地震研究と地震防災の研究が始まりました。翌1893年、帝国大学に講座制が敷かれ、地震学教室は地震学講座になりました。

　1894年、大森は震災予防調査会報告に「余震の頻度に関する公式」を発表していますが、これは濃尾地震での現地調査を踏まえての成果です。同年6月には

「東京地震」（M 7.0）が発生しています。

1895 年にはミルンが帰国し、イギリス・ワイト島に地震観測所を建設しています。また大森がヨーロッパ留学に出発しました。1896 年 1 月、病気療養中の関谷が 42 歳の若さで亡くなり、6 月には明治三陸津波が発生しています。

1897 年 6 月、帝国大学を東京帝国大学と改称、京都帝国大学が創設されました。11 月 24 日、大森がヨーロッパから帰国し、12 月 7 日には東京帝国大学理科大学の教授に任ぜられ、故関谷の跡を継ぎ地震学講座の主任教授に就任しました。若干 29 歳でした。

大森は震災予防調査会の委員として、すぐに研究活動を開始しました。1898 年には大森式水平振子地震計を製作し、地震学教室で観測を始めました。翌年にはアラスカで発生した地震波を鮮明に記録し、国際的な評価を受けたことはすでに記しました。さらに大森は次々に論文を発表していき、後年「大森地震学」と呼ばれる成果を出していきました。

1900 年 2 月 2 日、大森は京都帝国大学理工科大学地震学講座講師嘱託になり、11 月 13 日には中央気象台気象観測講習会の地震学講授嘱託を受けています。研究ばかりでなく、地震学講座の教授として地震学教育にも力を注いでいたのです。

1901 年、今村は東京帝国大学理科大学地震学講座の助教授に就任しました。時に今村は 31 歳でしたが、大森は 29 歳で教授になっていました。今村は濃尾地震に刺激を受け、地震学に進んだようですが、長い間不遇の地位に甘んじることになります。助教授に就任はしましたが、本職は陸軍幼年学校の教官で、地震学講座の方は無給の兼務でした。1923 年に大森の跡を継ぐまで、万年助教授でした。本務があるためでしょうが、今村は地震学教室に顔を出すのは土曜日の午後だけだったそうで、巷では大森と顔を合わせたくないからと噂されていたようです。

1800 年代後半、現在の南海トラフ沿いの地震として、1854（嘉永 7、〔安政 1〕）年 12 月 23 日に「安政東海地震」（M 8.4）、32 時間後に「安政東南海地震」（M 8.4）が相次いで発生しました。さらに 1855（安政 2）年 11 月 11 日の「安政江戸地震」（M 7.0 〜 7.1）を皮切りに、1880 年の横浜地震、1894 年の東京地震など、1923 年の関東地震まで南関東の地域は地震活動が活発な時期でした。図 3.1 に示したように、現在では、この南関東の地震活動の活発化は 1703（元禄 16）年の「元

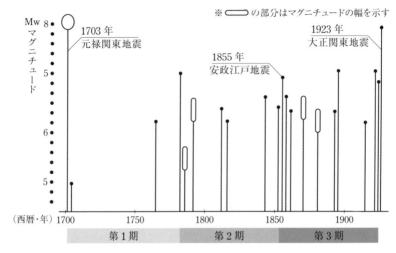

図 3.1　南関東の地震活動.

禄関東地震」（M 7.9 〜 8.2）からの百数十年の静穏期後に向かえた活動期と考え
られています。その活動期から「大正関東地震」（M 7.9）へとつながるのです。
　そのような視点からすると、東京に居住していた地震学者・大森や今村にとっ
ては、地震について思索するには、少なくとも大正関東地震後の現代までの研究
者たちより、はるかに多くの刺激を受けていたでしょう。その刺激から芽生えた
地震防災に対する使命感が、その後の今村の支えになったのではと考えていま
す。

3.2　気象台の地震観測

　地震現象の解明には地震観測は基本的な事項で、観測点はなるべく広く、日本
中に分布することが望ましいという考えは、1880 年の横浜地震を契機に設立さ
れた地震学会でたびたび議論されたことでしょう。その議論の推進役が、ユーイ
ングやミルンの御雇教師たちでした。とくにユーイングは、大学内に設けた地震
学実験所に地震計を設置して日夜観測を続け、それを手伝う助手の関谷清景は、
その薫陶を受け続けたことでしょう。関谷もまた地震現象の解明には観測の継続
が不可欠ということを学んだはずです。
　1882 年、東京気象台が赤坂葵町から、観測条件の良い皇居内の旧本丸に移転

したのを契機に、ユーイング式地震計やそれより小型で扱いやすいグレー・ミルン・ユーイング式地震計が設置され、観測が始まりました。ミルンらの開発した地震計は「振り子の動きを光のテコで拡大し、感光紙に記録する」光学式地震計でした。異なる地震計を併置し観測することは、それぞれの地震計の特性を比較する上でも重要です。その扱い易さと比較観測の結果からと推測しますが、1885年ごろには前橋と水戸の郡役所にグレー・ミルン・ユーイング式地震計が置かれ、東京気象台の地震計と合わせて震源の決定できる3点観測ができるようになりました。

　同じ1885年には、本郷に移転した東京大学に地震学教室が設置され、関谷が初代教授になるとともに、内務省地理局の験震課長も兼務しました。関谷は大学での地震観測と地理局所管の東京気象台や測候所での地震観測の責任を負うことになったのです。その結果、東京大学地震学教室の指導の下、全国の測候所に地震計を設置する計画が推進されることになりました。また1887年には、通称で東京気象台と呼ばれていたのが、中央気象台に改称されました。そんな時代背景があり、名古屋測候所には1887年に、岐阜測候所には1888年に地震計が設置されており、1891年10月28日の濃尾地震では、地震の前の25日から、数個の地震が観測されていました。すでに述べたように本震（主震）の前に「前震」が起きていたのです。

　濃尾地震の発生で、地震観測はますます重要視されるようになり、法令により全国の一、二等の測候所にはグレー・ミルン・ユーイング式地震計が設置されることになり、官報には地震報告が掲載されるようになりました。1895年、中央気象台は、それまでの内務省地理局から文部省に移管されました。

　1902年には中央気象台に大森式微動計を併置し、さらに大森式地動計、大森式簡易微動計などが併設されていきました。大森式地動計は大型の大森式水平振子地震計を小型化した標準型です。なお大森房吉は地震の揺れを感知する、いわゆる感震器を地震計と呼び、振動波形を記録する器械を地動計や微動計と呼んでいました。1906年には、ウィーヘルト式地震計の設置も始まりました。

　20世紀に入るころには、中央気象台関係で地震計を設置した気象台や測候所は59カ所となり、1923年の大正関東地震発生前には71カ所になっていました。大正年間（1912年以降）からは中央気象台では、地震観測についてまとめた『地震観測法』の出版により地震観測業務が技術的に大きく前進し、地震掛には地震

を専門に研究する人も出てきました。

　東京大学地震学教室の指導の下で、測候所に地震計が設置されていった経過からか、大森が教授になってからも、中央気象台の地震観測は東京帝国大学地震学教室の支配下（後年の萩原尊禮の表現）に置かれていました。支配下というよりも、地震学教室の観測は1点だけですから、研究には中央気象台の観測資料は欠かすことができないデータだったでしょう。少し大きな地震が発生すると、中央気象台は各測候所から観測資料を集めて、地震学教室の大森に届け、大森はその資料を使って発生した地震の震源を決定、それを新聞社に発表し、中央気象台にも知らせていました。

　当時の地震の震源決定方式は、大森が提唱した初期微動継続時間を使用していました。大森が考え出した方式で、その後改良が加えられましたが、それらの研究は大森が中央気象台からのデータを使ってなされていたのです。大森の立場からすれば、中央気象台は文部省所管の官署なので、大学に協力するのは当然という意識もあったのでしょう。

　しかし、中央気象台も地震観測の技術が上がり、地震が起きても震源決定ぐらいはできるのに、いつまでも地震学教室の後塵を拝しているのは面白くなかったでしょう。とくに、後年第4代中央気象台長になる気象台技師の岡田武松（1874-1956）は、大学が地震の震源決定というような現業的な仕事をすることに疑問をもっていました。岡田自身、東京帝国大学理科大学を卒業して中央気象台に入り、予報課勤務を続けていました。

　地震学教室と中央気象台とがそんな関係、しきたりがある中で、その辺の事情を知らない若い技師が地震掛として夜間勤務をしていた1921年12月8日の夜遅く、東京に強い地震（龍ケ崎地震〔M 7.0〕）が発生し、市民を驚かせました。夜勤者は測候所から電話で知らせてきた観測結果をもとに大森公式を使って、震源地を霞ケ浦と決め、新聞社に発表しました。翌日の新聞には「地震学教室の大森房吉教授は、震源地は鹿島灘と発表しているのに、中央気象台は霞ケ浦と発表した」と両者の「震源地争い」と、あおるように報じました。地震掛の上司である岡田は、担当者を激励し、その後、中央気象台でも地震が起これば震源決定をして発表するようになりました。岡田としては中央気象台の地震観測業務の自主性を取り戻そうと考えたのでしょう。

　この地震学教室と中央気象台の震源地争いは、大森の跡を継いで第3代地震学

教室の教授になった今村明恒の時代になっても変わらず、双方譲らず「また震源地争い」というように、新聞だけを喜ばせる状況が続いていました。当時の地震観測と震源決定の精度を考えると誤差の範囲の違いですが、世の中（新聞）はそうはとりませんでした。この争いは1930年、今村が定年で東京大学を退官するまで続いていました。萩原はこれを「中央気象台の独立戦争」と称しています。

3.3　東京大地震発生説

　20世紀に入っても、地震学教室の大森房吉教授、今村明恒助教授の体制は変わりませんでした。気象台を中心に地震観測網も充実して、地震学は着実に進歩を続けていました。そんなとき、1906年に今村により「東京大地震説」が発表され、社会的な混乱が生じました。その端緒は、今村が雑誌『太陽』の明治38（1906）年9月号に寄せた「市街地に於ける地震の生命財産に対する損害を軽減する簡法」と題する寄稿でした。その論点の詳細は他著に譲りますが（たとえば拙著『あしたの地震学』青土社、2020）、今村の主張は学問として得られた知識を誇張することなく民衆に伝わるように、どうしたら学問を役立たせられるかに腐心しています。

　萩原尊禮によりますと、今村は非常に記憶力に優れた人で、震災予防調査会の『大日本地震史料』をほとんど暗記していたそうです。古文書からの情報と、図3.1に示したように、明治から大正期にかけての、南関東（首都圏）での地震活動の活発化から、大地震は必ず発生すると考え、市民を啓蒙していたのです。

　その一つとして、今村は地震対策をレコードに吹き込んでいます。私自身、そのレコードを聴いたことがありますが、非常に格調高く地震対策を切々と訴える今村の熱意は、何としても市民、国民を地震災害から守りたいとの精神に貫かれていると感じました。テレビはもちろんラジオもない時代、庶民への情報伝達は新聞や雑誌でした。雑誌『太陽』は当時の知識人の愛読誌でもあったようです。

　雑誌が発売された当時は、世の中に大きな反響はなかったようですが、翌年1月16日、『東京二六新聞』が「今村博士の説き出せる大地震襲来説、東京市大罹災の豫言」という題で、今村の論説をつまみ食いのように、都合の良い箇所だけを取り上げてセンセーショナルに報じ、不安をもつ人々が出てきたのです。

　大森の勧めもあって、今村は同新聞に「大地震発生に際して火災を防ぐために、石油ランプを電灯に替えよ」という提案におもな目的があったことを強調し

た主旨の声明文を載せ、ほかの新聞2社も『東京二六新聞』の記事に、厳しい論評を加え、騒ぎは一段落するかにみえました。ところが2月24日に東京湾で地震が起こり、軽い被害が出て騒ぎは再燃しました。デマも加わり市中は大騒ぎとなり、官憲の取り締まりが必要なくらいでした。

世の中が大地震発生を心配しだすと、大森は立場上その火消しをせざるを得ませんでした。大森は雑誌『太陽』の明治39（1907）年3月号に「東京と大地震の浮説」と題して今村の論説に反論を始めました。大森の寄稿後、世の中の地震への不安は少なくなり、騒ぎは沈静化していきました。

大正4（1915）年11月16日、房総半島でM6.0の地震が発生し、多少の被害が出ていました。この地震の前後にも地震が発生していて、これは一連の群発地震だったのです。このとき大森は不在で、今村が新聞社に対応しました。今村は「このような地震活動は上総地方ではときどき起こっている。この地震活動はこのまま終息するので九分九厘は心配する必要ないが、一厘の心配はあるので注意だけは怠るな」という要旨の発表をしました。現代の私たちからみても、至極当然の内容ですし、気象庁の発表もいつもこのような調子でなされており、特別非難される発表ではありません。ところが世の中は一厘の心配に大騒ぎしたのです。地震発生の報で急いで帰京した大森は「群発地震だから心配ないというべきだった」と今村を叱責したようです。しかし今村としても、当たり前の発言をしただけで、悪いことをいったとも思えなかったでしょう。大森との関係はさらに悪くなったようです。

今村の東京大地震発生説も、最初は地震防災の一般的な啓蒙でした。そこへ介在した新聞が意図的にセンセーショナルな報道をして、世の中を騒がせる原因となりました。マスメディアの発達した今日、マスコミへの対応は、今村の時代よりは、より一層慎重に対応しなければならないことは明らかです。ただ幸か不幸か、多種多様なメディアの存在で、1〜2社が過激な報道をしても、現代は今村の時代ほど大騒動になることは稀になりました。しかし、マスコミに対応する研究者は、いつでも細心の注意を心掛けるべきです。

大森、今村の時代、先にも述べた通り1850年ごろから関東地震発生前までの南関東では、大正関東地震発生後の20世紀から21世紀にかけての現在の地震活動に比べ、きわめて活発に地震が発生していました。その有様はすでに述べたように図3.1に示してあります。

　当時の活発な地震活動と大日本地震史料の資料を考えながら、大森と今村は、近い将来に起こるであろう南関東（あるいは東京）の地震活動を考えていたことは間違いないでしょう。マグニチュードが提唱される前の時代でしたから、今村は地震の大小に死者総数を使いました。

　今村は東京に起こる地震として、慶安 2（1649）年、元禄 16（1703）年の「元禄関東地震」、安政 2（1855）年「安政江戸地震」を選び出し「死者が千人を超すような大地震が東京に襲来するのは平均 100 年に 1 回程度」との結論で、安政江戸地震から 50 年以上が経過しているから次の地震は近いと、震災予防調査会設立目的の一つ、地震災害の軽減、地震防災を説いたのです。そしてその具体策の一つとして、電灯を普及させ、石油ランプをやめ、地震に際しての火災発生のリスクを少なくするように啓蒙し続けていたのです。

　ただ現代の私からみても「同じ場所で地震は繰り返し発生する」という今村の主張は当然として受け入れられますが、3 回の地震からの百年説には、首をかしげたくなります。何回も書きますが、今村の時代の南関東は「大正関東地震発生を目前にした地震活動期」だったので、小さな地震が起こるたびに、大地震の発生を危惧し、地震防災の啓蒙に力を入れていたのでしょう。

　大森は今村と同じように『大日本地震史料』のデータから、今村の主張する百年説を否定しました。江戸時代から明治時代まで南関東（あるいは首都圏）で強い地震を感じたのは 18 回あったが、東京に震源があるのは安政 2 年の地震 1 回だけとしています。ただ今村同様、1894 年の東京地震をどのように考えたのかはわかりません。

　大森は元禄 16 年の地震の震源地は小田原方面であるから、東京の地震とは数えないと主張している点が注目に値します。大森はこのころから、この元禄関東地震を海側の地震として安政江戸地震とは区別しています。プレートテクトニクスによる現代の知識では、関東地震はフィリピン海プレートの沈み込みによる地震です。大森はドイツのウェゲナー（Alfred Lothar Wegener, 1880-1930）が大陸移動説に気づき始めたころ、プレート境界の地震（元禄関東地震）とプレート内地震（安政江戸地震）とを区別すべきことに気付いていたのです。安政江戸地震は現在の表現では典型的な首都圏直下地震でした。

　大森は東京の大地震発生は平均数百年であるから、次の地震が近いと予測できないとの理由で、今村説を否定しています。一方、大森も地震防災の視点から東

京に水道を普及させるべきとも主張しています。水道の整備は地震で火災が発生
した場合に備えて不可欠な設備です。大森、今村とも震災予防調査会の設立目的
を常に意識していたことが伺えます。

　関東地震に関しては、私は過去の関東地震の発生が 1241（仁和 2）年、1495（明
応 4）年、1703（元禄 16）年の元禄関東地震、1923（大正 12）年の大正関東地
震と 4 回追跡できることから同じような時間間隔で起こるとすれば、次は 2150
年ごろに発生と予想しています。

　詳細は拙著（『次の首都圏の地震を読み解く』三五館、2013）に譲りますが、
理科年表の「日本付近のおもな被害地震年代表」を見る限り、関東地震と推測で
きる地震は元禄、大正を含め 4 回追跡できるのです。その 4 回を年代順に並べる
と次の関東地震は 2150 年を中心に前後 20 ～ 30 年、つまり 2130 ～ 2180 年ごろ
と推測できます。図 3.1 と合わせて解釈していきますと、次の関東地震が過去
と同じ経過をたどって発生すると仮定すれば、その発生年代は 2150 年を中心に、
前後 20 ～ 30 年に起こり、そしてその 100 年前ごろから、首都圏ではポツリ、ポ
ツリと小さな被害を伴う地震が発生し始め、時には東京直下地震と呼ばれる M 7
クラスの地震が起こるかもしれません。おそらくその時期は 2050 年ごろからに
なるでしょう。

　私は神奈川県に生まれ、住んでいます。神奈川県中部・東部地域のどこかで震
度 5 を経験したのは 1923 年の大正関東地震以来、2011 年の「東北地方太平洋沖
地震」でした。したがって 90 年間は被害を伴うような地震は起きていません。
西部地域では 1924 年 1 月 15 日に大正関東地震の余震と思われる地震で震度 5 を、
また 1930 年の「北伊豆地震」（M 7.3）でも震度 5 の地域はありましたが、その
後は中・東部地域と同じように東日本大震災まで震度 5（強・弱）は経験してい
ません。地震学的には非常に静かな期間を過ごしていると考えています。

　『地震学をつくった男・大森房吉』（青土社、上山明博、2018）によりますと、
1916 年、大森はノーベル賞候補に推薦されていたようですが、本人はあまり関
心がなく、必要な対応もしなかったようです。ノーベル賞も今ほど騒がれる時代
ではなかったと思いますが、大森にとっては地震現象解明の方により一層興味が
もてたのでしょう。

　1919 年 2 月、文部省は各帝国大学の分科大学を改変して、各学部としました。
これにより東京帝国大学理科大学は東京帝国大学理学部となり、地震学講座もそ

の所属になりました。1921 年、大森は脈動研究のため、ノイズの少ないと思われる筑波山中腹に「筑波山微動測候所」を設けました。地震学講座が初めて学外に設けた観測施設で、その後地震研究所の筑波山地震観測所となる施設です。

3.4 大正関東地震の発生

1923 年 7 月 10 日、東京帝国大学理学部地震学講座主任教授の大森房吉は「第 2 回汎太平洋学術会議」に出席する日本代表団の副団長として、オーストラリアに向けて横浜港を出発しました。大森の帰国後に明かされたことでしたが、出発前の 5 月ごろから食欲がなく、頭痛や嘔吐の症状があり、すでに発病していたようです。

メルボルンでの会議が終わり、シドニーに戻った大森は、ピゴット台長の招きでリバビュー天文台を視察に訪れました。台長は新しく設置したウィーヘルト式地震計を地震学者の大森に披露したかったのでしょう。運命的なのか、大森が地震計を見ているときに、地震計の描針が動き出したのです。大森のことですから、まず 3 成分の P 波の初動の揺れ動く方向を調べたでしょう。その初動方向の読み取りから地震波の到来方向がわかります。そのうち S 波も到着し初期微動継続時間（P-S 時間）が読み取れ、その方向と距離から日本の東京付近で大地震が発生したと判断できたでしょう。大森は予定を変えてすぐ帰国の途に就きましたが、日本到着は 10 月 4 日でした。

1923（大正 12）年 9 月 1 日 11 時 58 分、現在は「大正関東地震」(関東大震災、M 7.9) と呼ばれている大地震が日本の首都圏を襲いました。北は北海道の函館付近、西は九州の大分県付近でも揺れを感じ、有感半径は 700 km です（図 1.3 参照）。被害は死者・行方不明者 10 万 1 千余人、住居の全壊 10 万 9 千余棟、半壊 10 万 2 千余棟、焼失 21 万 2 千余棟という、日本の地震災害史上最大数の犠牲者を出した地震でした。なおこの地震の被害は資料によって大きく異なることもありますが、すべて理科年表の値です。

震害は神奈川県が大きく、小田原では城の石垣が崩れ、市内の木造家屋の全壊率は 70% に達しています。相模湾沿岸から内陸の村々にかけて被害が大きく、家屋の全壊率は 30 ～ 50% の地域がほとんどでした。現在の震度階では当然震度 7 です。横浜市では火災被害が大きく、県下全体の 90% を占め、6 万 2 千棟が焼失しています。神奈川県では何らかの被害を受けた世帯数の割合が 86%、横浜

市では 95 ％に達しています。橋梁、道路、鉄道、上下水道などのインフラが大きな被害を受けています（『神奈川県震災誌』神奈川新聞社 復刻版、1983）。神奈川県西部の根府川では崩壊した土砂が土石流となって流れ下り 70 棟の集落すべてが埋没し、山津波となって襲った土石流で東海道線の根府川駅に停車していた列車がすぐ下の海に流れ落ちました。JR 根府川駅の北側斜面には現在でもその痕跡が認められます。

東京市内（当時）は木造家屋の被害率は 10 ％程度で、震源域の神奈川県に比べればはるかに少なかったが、江戸時代に埋め立てられた地盤の弱い地域に、全半壊家屋は集中していました。鉄筋コンクリート造りの建物の被害率が 8.5 ％程度だったのに対し、レンガ造りでは 85 ％、石造りでは 83.5 ％でした。モダンなレンガ造りで浅草の名所になっていた高さが 52 メートルの凌雲閣、通称「浅草十二階」は 8 階から上が折れました。

大正関東地震が未曾有の大地震といわれる最大の理由は、火災により大きな被害が発生したからです。東京ではおおよそ 160 カ所から出火し、そのうち 84 件が延焼し、神田神保町や浅草千束町などでは、火元が密集していたため完全な鎮火までには 40 時間かかりました。100 人以上がまとまって焼死した場所が 10 カ所ありましたが、その中で隅田川沿いの陸軍被覆廠跡では 4 万 4030 人の焼死記録が残されています。

上空にひらひらしたものが漂っていたが、落下してきたものは火災の旋風に吹き上げられたトタン屋根からはがされたトタン板だったと、萩原尊禮は語っていました。萩原は隅田川近くの河畔に住んでいて、火災旋風の移動をつぶさに目撃していました（『あしたの地震学』青土社、2020 参照）。広大な空き地だったところへ、多くの被災者がリヤカーや大八車に家財道具を満載して避難してきました。そこへ火災旋風が襲来して、持ち込んだ家財道具に火が付き、被害が拡大しました。大八車やリヤカーでの避難は道路をふさぎ、火災の延焼・拡大の原因ともなりました。

現代では車が当時の大八車やリヤカーの役割をするでしょう。場所にもよるでしょうが、少なくとも市街地や住宅密集地では、大地震の際の避難手段として自動車を使うことは控えるべきでしょう。道路を埋めた車は人々の避難の障害となり、火災を延焼させるおそれが高いのです。

横浜市内でも宅地面積の 75 ％が焼け、全戸数の 60 ％が焼失しています。横浜

市では復興に際し、市内のがれきで海浜を埋め立て、公園として整備し現在の山下公園が生まれました。

3.5 震災予防調査会の活動

　震災予防調査会会長事務取扱兼幹事の大森房吉がオーストラリア出張中は、今村明恒が調査会を仕切り、責任を負うことになりました。

　9月1日、地震発生で文部省内の調査会の事務所は、書棚の転倒、壁の亀裂などの被害が出ましたが損害はなく、一時、外に退避した職員も室内に戻り散乱した本や書類を片付け、逐次帰宅しました。ところが夜になり、屋根瓦が落ち木材がむき出しになっていたところへ、近くの出火からの飛び火を受けて文部省は全焼してしまいました。

　同じく東京帝国大学地震学講座付属一ツ橋観測所も火災の被害を受け、所有の観測機器や関係の書類、出版物など調査会の全財産が灰塵に帰しました。ただ東京帝国大学の弥生門近くに建設されていた地震学講座の教室と調査会所属の耐震家屋は焼失を免れ、観測器械や観測記録も残りました。このため、関東地震の東京の地震記録を今日でも見ることができ、後述するように新しい発見へとつながりました。観測の重要さ、記録保存の大切さを示す重要な出来事です。

　地震発生時、今村は地震学講座の研究室内にいて、いつもの通りに、初期微動継続時間を数え始めたようですが、未経験の揺れに襲われ、地震を感じてから6分後には立ち上がり、職員を指揮して、観測の整理を始めています。そして30分後には、新聞記者に一般的注意程度の説明をしました。

　震災予防調査会の委員の一人、文人科学者の寺田寅彦は地震発生時には、上野の美術館で絵画を鑑賞後、喫茶店で雑談中に地震に襲われたと書き残しています（『寺田寅彦全集』第14巻、岩波書店、1961）。寺田はその後、この地震の火災旋風について詳細な調査を実施しています。

　今村は9月4日に震災予防調査会会長事務取扱代理に任命されました。大森不在の折、大地震の調査研究の責任を任されることになったのです。今村は早速、各委員に連絡を密にするとともに、委員会を招集して、地震後の調査・研究の分担を決め、人員の不足分は臨時委員や嘱託を採用し、政府にも調査費を要求して活動を始めています。

　さらに今村は9月6日に調査会を代表して、陸軍の陸地測量部長に面会し震災

地域の水準測量を、海軍次官には震災地域に隣接する海域での水深測量を、至急実施することを要請しています。地殻変動を検出できる可能性のあるこの2つに着眼したのは、今村の慧眼といえるでしょう。

今村は9月8日に、3日に続く3回目の記者発表で、前回に引き続き余震は順調に減衰してきているので、大震の再発の心配はないと説明しています。的確な判断と配慮で人心の安定を図ろうとしていることが伝わってきます。

全体の調査が終わり報告書を出すまでには、1年半を要しています。その報告書の火災編は中村清二（1869-1960）委員が担当しましたが、「東京帝国大学理学部物理学科の学生の有志30余名が、9月下旬から10月中旬まで、焼失地域の多くの地点に行き、火が襲ってきた時刻と方向を調べた結果を基本材料にしている」と述べています。また寺田も中村の指導を受けた学生に依頼して、火災旋風の調査をしたと報告しています。

関東地震の調査結果は「震災予防調査会報告第百号」として、1925年3月に刊行されました。震災予防調査会はこの報告を最後に33年間の役目を終えました。震災予防調査会を発展させた地震研究所が、東京帝国大学付置地震研究所として1925年11月13日に発足したのです。

ここで話は大森に戻します。大森は最速で帰国できる手段としてハワイ経由を選びました。ハワイから横浜への航海の途中で、大森の病状はかなり悪い時期があったようです。1923年10月4日、横浜港に着いた大森の船室には今村が駆け付け、留守中の報告をしましたが「今度の震災につき自分は重大な責任を感じている。叱責されても仕方がない」と謝罪したようです。当時の地震学講座の主任教授はそれだけの責任を考えなければならない立場であり、社会的な風潮があったのでしょう。

その日のうちに大森は東大病院に入院しました。脳腫瘍と診断されていた大森の病状は入院後、連日のように新聞でも報じられていました。11月8日、「地震学をつくった男・大森房吉」は永遠の眠りにつきました。行年55歳でした。12月26日、大森の後任として今村が教授に昇任し、地震学講座主任となりました。

写真 4　震生湖.

3.6　東京大学の関東地震の記録

　関東地震では地表面では狭義の地震断層は認められませんでしたが、神奈川県中・西部や千葉県南部では至る所で地割れや山崩れが認められ、存在は推定されています。現在の神奈川県秦野市南部では山崩れによって谷が埋まり、池を生じさせました。後日、寺田寅彦がこの池を「震生湖」と命名しています（**写真 4**）。

　地震後の測量結果から各測量の三角点（測量基準点）の移動を調べた結果、神奈川県の小田原付近を中央に相模湾を斜めに横切るように北西から南東方向を境界に、北東側では全体に南東方向に地盤が動き、三浦半島や房総半島では最大 3 m 以上の変異が測定されています。これは断層の潜在を示唆しています。

　また相模湾沿岸の湘南海岸、三浦半島、房総半島南部では地盤が 1 〜 2 m 隆起し、逆に北部の丹沢山塊では数 cm の沈降が認められました。相模平野全体としては、この地震によって丹沢山塊を支点に南側（海側）が跳ね上がりました。

　津波は湘南海岸で 5 〜 7 m、房総半島では最大 8 m を記録しています。また震源に近い熱海市では 12 m と記録されています。

　ここから話は半世紀後にとびます。東京大学地震研究所が 1973 年に『関東大

地震50周年記念論文集』を出版しました。その論文集にはモーメントマグニチュードを提唱した金森博雄と地震研究所の安藤雅孝（1943-）の連名で「関東大地震断層モデル」という論文が投稿されています。それぞれが震源モデルや断層について1〜2の論文を出しており、それにもとづいて関東地震の断層モデルを示しています。

　求められている断層モデルは、走行が北から西へ70度、水平面からの傾きは34度、長さ130km、幅70km、断層の変位量2.1mです。断層は神奈川県と静岡・山梨県境付近から70kmの幅で東南東に延び、神奈川県のほぼ全域から、東京湾をはさみ房総半島の南側全体におよんでいます。彼らはこの断層モデルを日本や世界各地の地震波の総合的解析によって求めていますが、その妥当性を検証するために、東京大学地震学講座で稼働していた低倍率の地震記象を用いたのです。

　低倍率（2倍）の長周期（振り子の固有周期10秒）地震計ですが、このような地震計が震源近くにあった場合は、その地震記象の始まり部分は、断層の動きそのものを記録していると推定されます。提出している断層モデルについて、この地震計では地震記象の始まる部分の東西成分、南北成分、それぞれについて計算したところ、ほぼ一致した理論波形が得られ、提出した断層モデルが正しいことが証明されました。

　断層は地表面には現れませんでしたが、地下ではこのような破壊が生じ断層が形成され、大地震の発生となったのです。

　地震発生時、今村を始め関係者の努力で地震学講座の教室は火災から守られ、当日観測したいろいろな地震記象が保存されていますが、その一つが、現代地震学の目で見直され、地震発生のメカニズムの研究に貢献したのです。今村や当時関係した人々は50年後に、自分たちが観測し、保存していた地震記象がそれほどの成果につながるとは考えていなかったかもしれません。とにかくしっかりと観測を継続し、その記録を使えるように保存しておくことが、地球を相手にする学問では、とくに大切なことを示しています。

3.7 関東地震と大森・今村

　関東地震発生後「なぜ大地震を予知できなかったのか」という批判が起こりました。一般市民ばかりでなく、学者の間からも起ったのです。同じような批判は半世紀以上過ぎて発生した阪神・淡路大震災や東日本大震災でも繰り返されました。確かに震災予防調査会の中には「地震の関連現象を解明し究極の目的である地震予知の可能性を探る」ことは、重要な目的でした。したがって、表面的には「地震の記載分類やそれぞれの地震現象の解明」に重点を置いた大森地震学への批判でした。

　今村明恒自身は、機会あるごとに大地震発生の可能性を指摘してきたが、大森房吉からは社会に混乱を起こさないよう発言を慎重にと注意されていたことを、問われるたびに説明していたようです。そして世の中では「今村は地震を予知した地震学者」、「大森は地震を予知できなかったダメ学者」とのレッテルが貼られたようでした。

　大森は震災予防調査会の主要メンバーとして、時には孤軍奮闘の努力を続けたことは、震災予防調査会に掲載されている彼の論文から十分理解できます。とにかく地震とはどんな現象なのかがわからない時代です。「一度地震が起これば一篇の論文が仕上がる」と揶揄的に言われていましたが、地震についてほとんど知識のない時代、大森の目からは地震が起これば必ずそこに新しい発見があったのでしょう。すでに述べたように、大森が提唱したいろいろな公式を学ぶことにより、後進の研究者たちは、地震が起こるたびにきわめて容易にその地震像を描くことができるようになっていました。

　寺田寅彦、長岡半太郎（1865-1950）など、どちらかといえば当時の理論物理学的な学者から、大森の地震研究に理論的な部分が欠けていると批判されています。確かに当時はラブ波、レイリー波など、弾性論での成果が出ていた時代ですから、日本でもそのような研究が期待されたのでしょう。しかし、震災予防調査会の目的の一つ、地震災害を防がなければならない大森の立場からは、地震現象解明の第一歩の記載分類だけでも大変だったでしょう。

　そんな現象論の面では、すでに海の地震（元禄関東地震）と地殻内地震（安政江戸地震）の違いに気付き始めていたようです。それぞれの地震発生の繰り返し期間は異なるので、大森としては、東京で起こる地震はまだ先と考えていたので

写真5 グーテンベルグの来日時，地震研究所の玄関前で．着席しているのは向かって左から坪井忠二，今村明恒，グーテンベルグ，当時の地震研究所所長の津屋弘逵，立っている右端は和達清夫，今村とグーテンベルグの間に立つのは萩原尊禮，その右側は河角広．

す。現在の知識では地震発生を予測しても10年、20年はもちろん、50年、100年の誤差があることがわかってきました。大森はやはり「地震学をつくった男」です。

　今村も大森と同じように震災予防調査会の責務である地震防災を重視していたと推定できます。それだけに、機会があるごとに、大地震発生に際しての注意を喚起する啓蒙を続けていたのです。大森も指摘していたように、今村の100年に1回程度東京に大地震発生という周期があるというのは無理があります。しかし、大正関東地震発生前の南関東は地震が頻発している時期でしたから、民衆への啓蒙の必要性を誰よりも考えていたのでしょう。

　今村は1930年東京大学を退官していますが、その後、当時の東南海地震、南海地震、現在では南海トラフに沿って起きる大地震と呼ばれる地震の発生に備え、和歌山県や四国の太平洋岸に自費と寄付で観測網を維持していました。1944（昭和19）年の「東南海地震」（M 7.9）は、第二次世界大戦終末期で、地震災害について言及することすら憚れた時代でしたが、1946（昭和21）年の「南海地震」（M 8.0）は、今村が予知していたと一部のメディアは報じました。

　当時日本に駐留していた連合国軍最高司令官総司令部（GHQ）は、日本で地震予知ができているのかどうかを調べるため、1947年6月、アメリカのカリフォ

ルニア工科大学教授の地震学者グーテンベルグ（Beno Gutenberg, 1889-1960）
を招き、調査をさせたほど、今村が南海地震を予知したという話は広まっていた
のです（**写真 5**）。

　1944 年に東南海地震、1946 年に南海地震が発生したのは、ある意味では今村
にとっては幸運でした。それまで南海トラフ沿いの地震は 150 〜 200 年程度の間
隔で発生していたのが、この 2 つの地震は 1854 年の「安政東南海地震」（M 8.4）、
「安政南海地震」（M 8.4）から 90 年で起きたのです。その理由はわかりません。
それまで通りの起こり方をした場合、昭和の東南海、南海地震は 21 世紀に入っ
て発生するはずでした。その意味から、今村は運が良かったのかもしれません。

　大正関東地震は 1906 年の最初の警告から 17 年目に発生しました。昭和南海地
震は今村の定年から 16 年で発生しています。世の中では、これをもって今村は
地震を予測したと評しています。ただ私はそうは思いません。日本では M 6 以
上の地震でも、毎年 1 〜 2 回程度は発生しています。地震の大きさや場所を明言
せずに「地震が起こる」といえば、何年かのうちには必ずそれらしい地震が起き
ています。

　実は現在の日本でも、同じことが繰り返されています。現在では「地震の予知
は不可能」とされている時代ですが、それでもいろいろな方法で、自称地震研究
者が「地震が起こる」とおもに週刊誌上で話題になることがあります。そしてど
こかで M 6 クラスの地震が起これば「自分の予測通りに地震が発生した」と述
べています。

　私が今村を尊敬し、学ばなければと常に考えているのは、その使命感と熱意で
す。地震による災害を少しでも減らしたいと、発信を続けたことです。その結果
が「地震を予知した」と評価されることになったのです。

　20 世紀後半でも、東海地震発生説が大問題を起こし、1978 年には「大規模地
震対策特別措置法」という法律が施行されたほどでした。しかしその後、東海地
震説を発表した人からは、同じ発言は聞こえてきません。発言から 40 年以上が
過ぎましたが、予測した地震も発生していません。

　1995（平成 7）年の「兵庫県南部地震」（阪神・淡路大震災、M 7.3）の後、西
日本の地震研究者たちから「大地震が切迫している」との発言が出始めました。
この発言を受け、防災の専門家と称する人も、同じように「大地震切迫説」をま
ことしやかに述べるのを、私はテレビで何回も視聴していました。もちろんそれ

を聞くたびに不快感が生じていました。

　ところが 2011 年 3 月 11 日、「東北地方太平洋沖地震」（東日本大震災、M 9.0）が発生すると、その発言はぴたりと止まり「想定外」という言葉が流行しました。「切迫している」といわれた地震は、南海トラフ沿いの地震でしたから、三陸沖の地震とは別物です。本当に切迫していると思ったら、その発言を続けるべきだと思うのですが、その後は「切迫説」を聞いたことがありません。今村との違いです。

【図・写真の出典】

［図 3.1］　神沼克伊著『次の首都圏巨大地震を読み解く』, 三五館, 2013, 77.
［写真 4］　著者撮影.
［写真 5］　唐鎌郁夫氏 提供.

第 4 章　地震学の発展期

4.1 地震研究所の設立

関東大震災の惨状は、自然現象の科学的解明と地震防災の研究の必要性を世の中に示しました。それまで地震学の理論的研究の必要性を説いてきた学者の間では、大森地震学に象徴された地震の記載分類から、理論的な研究もする組織の必要性が語られました。そのため震災予防調査会に代わる新しい研究機関を組織し、若い研究者を育成し、斬新な地震学への発展をすべきとの意見が形成されてきたのです。

その考えを反映し、地震が発生した1923年の12月には東京帝国大学理学部に地震学科を設け、毎年学生5名を採ることが決まりました。不思議なことに地震学講座時代の大森房吉も今村明恒も、地震研究には心血を注いだようですが、学生の指導、弟子の養成には目立った成果はみられません。

地震学科は設けられましたが、震災予防調査会に代わる新しい研究機関の設立は難航しました。震災予防調査会は新しい研究機関として「地震研究所」の設立計画を立案しましたが、それは実際には調査会幹事の今村の考えが基本にありました。その内容は東京の本部のほか3カ所の研究所、7カ所の付属観測所から構成され、当時の震災予防調査会の年間予算が3万円の時代に、設立のための臨時経費425万円、経常費70万円、総人員140名という大きな計画でした。当時の日本の国力からはきわめて実現困難な計画でした。

ちなみに、関東地震から50年が経過したころの地震研究所は、本部のほかに18の付属観測所を有し、職員総数169人ですから、今村案と大差ありません。今村案がいかに膨大で、計画を検討する文部省を始めとする周囲に受け入れられなかったか理解できるでしょう。

今村は地震には地殻変動が伴うので、その発生前には必ず何らかの地盤の変動が起こるはずだから、その変動をとらえることによって、地震の予知もできるだろう、そのためには地震観測、傾斜観測、水準測量などを確実に実施できる体制にしなければならないとの考えがあったのです。地震研究所設立後の観測体制をみても、今村の着眼は的を射ていたのですが、その実行には当時の観測技術の面からも実現にはほど遠いものでした。

今村の地震予知を目指した地震研究所の計画案に対し、地震学に興味や関心を示すほかの分野の研究者たちから、観測偏重で地震現象の物理学的な解明からは

明治廿四年濃尾地震の災害に鑑みて震災豫防調査會が設立され我邦における地震學の研究が漸く其緒に就いた大正十二年帝都並に關東地方を罹かした大地震の災禍は更に痛切に日本に於ける地震學の基礎的研究の必要を啓示するものであった此の天啓に促されて設置されたのが當東京帝國大學附屬地震研究所である創立の際専らその事に盡瘁した者は後に本所最初の所長事務取扱の職に當った工學博士末廣恭二であったその熱誠は時の當大學總長古在由直を動かしその有力なる後援と文部省當局の支持とによって遂に本所の設立を見るに至ったのが大正十四年十一月十三日であった本所永遠の使命とする所は地震に關する諸現象の科學的研究と直接又は間接に地震に起因する災害の豫防並に輕減方策の攻究とであるこの研究と豫防並こそは本所の門に出入する者の日夜心肝に銘じて忘るべからざるものである

昭和十年十一月十三日
地震研究所

写真6　地震研究所銘板. 本館の玄関に掲げられている. 地震研究所 10 周年のために, 寺田寅彦が亡くなるおよそ 50 日前に草されたもの.

　ほど遠い案で、震災予防調査会を拡大したようなものだとの批判が続出したのです。しかし、今村は提出した原案を譲ることなく時間が過ぎ、地震研究所の創立に暗雲が漂い始めました。

　震災予防調査会の活動を批判していたのは船舶工学科で物体の強度や振動を研究していた末広恭二（1877-1932）、ポツダムの国際重力基準点で振り子の重力計で重力を測定し、同じ重力計を使い日本で重力測定を実施して、日本の重力観測網の礎を築いた原子物理学者の長岡半太郎、地球磁場の研究で指導的立場にいた田中館愛橘（1856-1952）らでした。彼らは理学部物理学科の教授で理化学研究所の主任研究員で、振動論や物性論など物理学の立場から地震現象を考える必要を説いていた寺田寅彦と相談し、新しい地震研究所の構想を練っていました。

　彼らの案は、地震予知には重点を置かず、地震学の基礎的研究と震災防止の研究に主点を置き、全国の理学、工学の権威をスタッフとして集め、若い研究者を育て上げようとする内容でした。今村案の数分の 1 のスケールではありましたが、現実的な案で具体性に富み、多くの識者の賛同が得られました。ただ、当時の日本の国力では、小さな研究所でもその設立は困難な時代でした。しかし、東京帝国大学の当時の総長、古在由直（1864-1934）や、理化学研究所長であり貴

族院議員で、院内に力をもっていた大河内正敏（1878-1952）の努力で、大正13（1924）年の臨時議会の協賛を経て、翌年11月に地震研究所が設立されたのです。

その当時の経緯は、地震研究所創立10周年を機に、寺田寅彦によって記された銅板の碑文に述べられており、1970年代に私が地震研究所に在職中までは玄関に掲示されていました（**写真6**）。

1961年から私は院生として地震研究所に出入りするようになって、月2回の談話会にも出席していました。談話会は会議室と呼ばれていた部屋で行われていましたが、その壁には歴代の所長の写真が掲げられていました。その中に所長ではなかった寺田の写真がありました。それだけ地震研究所の設立に貢献されたのでしょう。

新しい地震学の幕開けになった地震研究所の設置ですので、参考のために大正14年11月13日、勅令311号によって公布された地震研究所管制の一部を以下に示します。

第1条　　東京帝国大学ニ地震研究所ヲ付置ス

第2条　　地震研究所ハ地震ノ学理及震災予防ニ関スル事項ノ研究ヲ掌ル

第3条　　地震研究所ニ左ノ職員ヲ置ク

　　　　　所長　所員　助手　書記

第4条　　所長ハ帝国大学教授ノ中ヨリ文部大臣之ヲ補ス

　　　　　（略）

第5条　　所員ハ帝国大学ノ教授及助教授其ノ他ノ関係各庁高等官ノ中ヨリ文部大臣之ヲ補ス

（以下略）

新設の地震研究所は東京帝国大学に付置されていますが、便宜上そうなったので、あくまでも日本の地震研究所でした。所長事務取扱は末広になったためか、とりあえずの本部は工学部内に仮事務所を置き発足したのです。その研究所の建物は、昭和2（1927）年4月に、安田講堂の裏に本館建物が着工され、昭和3年3月に竣工、6月に移転しました。当時の封筒に記された住所は東京帝国大学構内地震研究所でした。

この建物を設計したのは、所員で「構造物振動及模型実験」の研究テーマをも

つ内田祥三（1885-1972）でした。その後も旧地震研究所の建物周辺には耐震家屋の研究施設が何棟か建てられました。いずれも内田の設計だったそうですが、これらの建物は大学構内の再開発で撤去されましたが、頑丈過ぎて撤去が大変だったと聞きました。1960年代私もその現場を見ましたが、厚いレンガの壁に仕切られた地下室が記憶に残っています。

　教授として所員になっていたのは、末広や内田のほか、研究テーマ「地震観測の整備、地震計の改良、微傾斜観測水準変動」の今村、「弾性波の生成及波及の実験」の寺田、「高圧化の岩石の性質」の長岡など東京帝国大学の教授の名前が並びます。また中央気象台長の岡田武松は気象台にて研究とされ、次の気象台長になった藤原咲平（1884-1950）の名前も見られます。帝国大学の教授やほかの機関の研究者も所員として、地震研究所のメンバーとして活躍できるシステムでした。

　また助教授の所員としては、フランスの留学から帰国したばかりで、音響学が専門の石本巳四雄は「地震計測器の研究」をテーマに、三菱造船の研究所からは振動理論ですでに実績のあった妹澤克惟（1895-1944）が「地殻及地震波の弾性力学的研究」の研究テーマで、それぞれ選ばれました。若き2人は早速その真価を発揮することになります。

　当時の地震研究所の教授会は所員会と呼ばれ、教授、助教授全員が出席していました。この呼び方は、私が助手になったころも同じでした。

　研究所発足のころに採用された助手たちも、その後、それぞれの分野で指導的な役割を果たしています。その一人、坪井忠二は寺田研究室で活躍しましたが『地震研究所創立50年の歩み』（東京大学地震研究所、昭和50〔1975〕年11月）に寄せた「研究遍歴」で以下のように述べています。長くなりますが、地球を相手にする学問ではとくに大切な示唆と思うので、引用しておきます。

『人の記憶もだんだん薄れるし、現役の人も、古い（地震研究所）彙報などを読んで勉強したり引用したりすることが少なくなったように思う。そのため、とっくにわかっていることを今さらやって見ることになる。あるいは、昔せっかく出た芽を育てない。そして、大したこともない外国の文献を引き合いに出す。科学史をやる必要まではないにしても、震研での研究がどのように創められ発展してきたかを身体で感じておくことも必要ではないだろうか』

4.2　地震研究所発足後の10年間

　発足後の地震研究所が、文字通り全員一丸となって対応しなければならない
ような地震や火山噴火が、1935年ぐらいまでの間に続発しました。結果的には、
その後の地震発生や火山噴火への対応を、地震研究所全体が学ぶことができた天
の采配だったかもしれません。

　大正15（1926）年5月24日、北海道の十勝岳が噴火し、噴火規模そのものは
普通の噴火でしたが、高温物質が流出して積雪を融かし、火山泥流が発生しま
した。この時の泥流は「大正泥流」と呼ばれていますが、25 km 離れている上富
良野の街へ時速60 km の速さで流れ下り、2つの村落が埋没し、死者・行方不明
者144人を出す大惨事になりました。当時は助手でのちに所長となった津屋弘逵
（1902-1988）らは5月30日に出発し、現地では10日間滞在して、泥流の堆積状
況を克明に記録しました。この調査は、その後火山噴火に際しての現地調査の良
い先例となりました。彼らは6月30日には、公開で十勝岳の火山噴火を一般に
報告しています。

　昭和2（1927）年3月7日「北丹後地震」（M 7.3）が発生しました。死者は2925人、
家屋の全壊12584棟の大きな被害が出た地震です。震源地の丹後半島では、北西
から南東に延びる郷村断層（長さ18 km、水平の最大のずれ2.7 m）とそれに直
行する山田断層（長さ7 km）が現れました。地震研究所では、翌8日に7名、9
日に2名、12日に2名が現地に急行し、実地調査、地震や傾斜の観測、地形お
よび地質、地割れなどの調査、構造物の被害調査などを実施しました。文字通り
全所総動員しての調査であり、その後の大規模地震での調査の原形となりまし
た。5月4日にはやはり公開で、北丹後地震についての報告がなされています。

　昭和4（1929）年6月17日、北海道駒ケ岳が大噴火を起こしました。午前10
時ごろには鳴動とともに大噴火となり、噴煙が1万3900 m にまで達しています。
噴き上げられた噴出物は午後から降下を始め、火砕流も発生して大災害となりま
した。噴石や軽石の降下、火砕流などにより、家屋の焼失、全半壊、埋没などが
1915棟、山林耕地も被害を受けました。この噴火では、火山噴火に際し、地質
学的な研究者、地球物理学的な研究者たちがそれぞれ協力して調査をする、最初
の例となりました。噴出物の噴出当初の温度の推定、噴火の経過、シリカ傾斜計
による連続観測、微動計による火山噴火に伴う地震の観測、空中電気、地電流の

観測など噴火の総合調査の典型例を示し、その後の火山噴火に際しての地震研究所の火山噴火調査の前例となりました。

昭和5（1930）年2～8月、静岡県伊東町（当時）で群発地震が発生しました。今村研究室の名前で地震活動が報告されていますが、現地での臨時観測がなされ、地震活動の推移や、地震発生と潮汐の干満の関係などが調べられました。また海岸線に沿っての水準測量なども繰り返され、その変動が明らかにされています。

昭和5（1930）年11月26日、「北伊豆地震」（M 7.3）が発生しました。箱根芦ノ湖の南岸から伊豆半島中部の原保に達する全長35 kmの丹那断層（左横ずれ、最大2～3 m）が出現し、建設中の東海道線丹那トンネル内に食い違いが生じました。さらに丹那断層の南端付近では原保断層、修善寺の東には加殿断層（わらほだんそう）（かどのだんそう）が現れました。地震研究所では所長名で『伊豆大震調査概要』を彙報に発表し、各調査を報告しています。また光の現象（発光現象）についての報告も出されています。

昭和8（1933）3月3日の「三陸沖地震」（M 8.1）では震害は少なかったですが、太平洋岸が大津波に襲われました。地震研究所では北海道から東北沿岸にかけての現地調査、各地の検潮記録の収集、アンケートによる津波襲来状況と付随現象の調査などを計画的に実行しました。それぞれの学術的な成果とともに『地震研究所彙報別冊1号』として出版されました。

このように、次々に起こる火山噴火や特徴のある大地震の発生により、地震研究所では火山噴火や大地震発生に際しての対処方法が確立されていったのです。前節の坪井の警告は、たとえば北丹後地震の報告書を理解しておけば、大地震が発生した際、何をすべきかすぐわかり確実な調査ができると指摘しているのです。

4.3　地震研究所の観測所

地震研究所には、創立から時間を置かずして2つの観測所が設置されました。1921年、大森房吉により震災予防調査会の施設として創設されていた筑波山微動測候所は、昭和2（1927）年1月22日に、地震研究所に移管され筑波山支所と呼ばれるようになりました。大森は地盤の脈動は平地にだけ起こり、山地にはないというそのころの学説を確かめるために、観測所を建設し「微動測候所」と名付けました。私が初めて「筑波の地震観測所」を訪れた時、筑波神社脇の小道

に「微動測候所」と書いた道標があり、違和感を覚えました。萩原尊禮によれば
「大森先生は、ここに大森式水平振子地震計を据えて倍率を百倍に上げたところ、
小振幅ながらきれいな脈動が記録されたので、脈動の問題は一応解決した」と述
べています。

　移管後の筑波山支所では、石本式加速度地震計などによる地震の基本的な観測
に加へ、石本式シリカ傾斜計など、いろいろな観測器械を設置して、テスト観測
を行う場にもなっていました。地震で地面が振動するときの加速度は震度に直結
する値です。また地盤の傾斜は地震の前兆と考えられる地殻変動の検出に必要な
基本観測です。これらの観測器械を同じ観測点に並置し観測することにより、地
震前後の地面や地盤の振る舞いの解明が期待されたのです。

　当初は助手クラスが 1 名と技官 2 〜 3 名が勤務していましたが、1935 年ごろ
からは助手は東京に勤務するようになり、必要に応じて筑波支所に行くような体
制になりました。筑波山支所の地震観測や傾斜観測は、地元で雇用された職員の
努力で、第二次世界大戦の厳しい社会情勢の中でも、一日も欠測することなく続
けられていたそうです。

　ここで話は火山観測にとびます。1907 〜 1909 年、19 世紀から火山活動が活発
な傾向をみせていた浅間山は、火山噴火の空振や降灰で山麓にも被害が出ていま
した。地元からの要望も踏まえ、この活動を調べていた大森は長野県に提案し、
山頂に近い湯の平に火山観測所を設置して、そこに大森式微動計を置き、長野測
候所の職員を指導して震災予防調査会と測候所の共同で、1911 年 8 月 26 日から
観測を始めました。日本最初の定常的な火山観測です。

　湯の平は噴火口の西南西 2 km、標高 1950 m の地点で、山頂に近いだけに火
口内の状況を観察するには便利ですが、大噴火に際しては危険な場所であるう
え、冬季は積雪で観測は不可能でした。しかし、5 月から 10 月にかけての夏期
間だけでしたが、半月交代で観測者が滞在し観察が実施され、毎日火口の状況や
噴煙の状況などの観察日記は、大森没後の 1924 年まで続いています。この観測
記録から大森は、浅間山で発生する地震は、噴火に直結する地震と、噴火を伴わ
ない地震があることを明らかにしています。現在では誰もがわかっている現象で
すが、火山学の黎明期には、観測の継続からようやく解明されたのです。

　1915 年ごろからの数年間は浅間山の火山活動は静穏期でしたが、1920 年ごろ
から、再び活発化の傾向を示してきました。これに備えるべく大森は長野県に助

4

写真7 浅間火山観測所の開所に際し訪れた地震研究所の教官たち．中央は寺田寅彦，
向かってその右は石本巳四雄，河角広，左から二人目は萩原尊禮，三人目は水上武．そ
れぞれ後日地震研究所の所長を歴任．

言して、噴火をしても安全で、冬季も観測可能な追分に測候所を設け浅間山の火
山活動を監視する体制を整えました。この測候所が現在の軽井沢測候所の前身で
す。

　1931 ～ 1932 年ごろ、浅間山は小規模な爆発を繰り返していました。軽井沢に
は夏には多くの外国人が避暑に訪れるようになっており、軽井沢町では町民の不
安を払拭し、登山者の安全を図るため火山観測所の設置を望む声が沸き上がりま
した。軽井沢町は別荘を所有する有志らの援助を得て、観測所建設が実現しまし
た。1933 年 6 月、浅間山山麓峰の茶屋近くに土地を選び建築に着手し、8 月 15
日に開所式を行い、翌 1934 年 6 月 1 日に建物すべてが東京大学に寄付され、地
震研究所浅間支所として発足したのです（**写真7**）。現地雇用の人に加え、助手
が在職して観測と研究を続けていました。

　地震研究所発足当時は、地震計は本郷（本所）と筑波支所の 2 地点に設置され
ていただけでした。中央気象台の観測網は関東地方に 12 カ所あり、震源決定で
は断然有利です。それに対抗するためか、昭和 5（1930）年ごろまでに鎌倉、清
澄、三崎、秩父、東金、三鷹などにも観測点があったようです。昭和 8（1933）
年ごろまでにはさらに 6 点増えています。現在の感覚ですと、中央気象台も東京

帝国大学も文部省の管轄にもかかわらず、地震の震源を決めるという同じ作業で張り合うのは無駄と思うのですが、明治から大正期の震源地争いの影響が残っていたのでしょう。ただし、主役の今村は昭和5年には退官しています。

　中央気象台が運輸通信省の所管になったのは、昭和18（1943）年になってからです。

4.4　京都帝国大学の地球物理学

　明治30（1897）年、京都帝国大学が創設しました。京都大学は伝統的に地球物理学が盛んで、地震学でも多くのすぐれた論文が発表されています。その伝統の基礎を築いたのが、**1.7節**でも述べた志田順でした。明治42（1909）年、志田は京都帝国大学理工科大学の物理学の助教授に迎えられました。その時、京都帝国大学の総長だった菊池大麓から1通の手紙を受け取り、その手紙が志田のその後の運命を大きく変えたと萩原尊禮が詳述しています（『地震学百年』、東京大学出版会、1982）。

　志田に託された任務の第1が、明治35（1902）年1年間だけ使用され、そのまま放置されていた上賀茂観測所の再生でした。上賀茂観測所は大学から4 kmほど北の林の中にありましたが、授業や実験指導の合間に、この観測所に通い東京帝国大学地震学教室に眠っていた地球潮汐観測用の器械や輸入したまま放置されていたウィーヘルト式地震計などを設置して観測を続け、それぞれ大きな成果を上げています。観測機器の組み立て、取り扱いを含め一人独学で考えながら観測を継続し、研究成果を上げていたのです。志田は大森房吉、今村明恒の現象論に重きを置く地震学には批判的で、彼らにはない地球の物理的性質を考慮した研究手法を取っていました。

　志田は関西の財界や県や市の有力者を熱心に説いて資金を集め、大正9（1920）年に地球物理学講座を新設しました。地震学とせず地球物理学としたところに、志田の視野の広さが伺えます。ちなみに東京帝国大学理学部に地球物理学講座が設置されたのは昭和16（1941）年になってからです。同時に地震学講座は廃止されました。

　大正15（1926）年には大分県の協力を得て、別府町（当時）に地球物理学教室付属別府地球物理研究所を設置しました。別府町は地球上でも最大の火山・地熱温泉地域である中部九州の中心で、地球内部の熱構造探求には最適な場所とし

て、研究、教育施設が建設されたのです。

　また火山地域において、地球物理学的手法を用いた観測を通して、火山噴火の
メカニズムや火山活動に伴う諸現象の解明を目的に、研究、教育を行う場所を熊
本県の援助を得て建設し、昭和3（1928）年に京都帝国大学理学部が阿蘇火山観
測所を設立しました。

　さらに北丹後地震の発生を契機に、昭和5（1930）年に大阪府高槻市の北部の
標高281 mの阿武山の南斜面に阿武山地震観測所を設置し、地球物理学教室の
実験施設を阿武山に移しました。昭和8（1933）年にはウィーヘルト式地震計を
設置し、世界有数の地震観測所への第一歩を踏み出しました。昭和9（1934）年、
観測機器設置のための横穴を掘削中に、古墳が発見され、現在は阿武山古墳と呼
ばれ、被葬者は藤原鎌足という説が出ています。

　このように志田は、日本国の経済が低迷し不況のどん底の時代に、短期間で3
つの研究施設を設置する快挙を成し遂げ、学問研究だけでなく行政の面でも手腕
を発揮しました。財界はもとより、それぞれの地域の行政の協力を取り付けるに
は、どれだけの苦労があったか想像もつきかねます。

　志田の優れた点は、別府市を含め各観測所の建物、組織にも表れています。ど
の建物も立派で大きいのです。中には研究室、観測室ばかりでなく、いろいろな
実験室もあったようです。建物を見た印象は、中央が高くなっていて、どこか時
計台のある京都大学の本部を彷彿させる姿ですが、どの観測所も地球物理学教室
の分室的なのです。京都の大学構内にある研究室の一部が、それぞれ移ったので
あり、すべてが地球物理学教室と直結していたのでしょう。

　志田の着眼点の鋭さの一つが、各観測所の人員の構成です。教官と呼ばれる職
種の教授、助教授、助手が複数人ずつ配置されています。ですから京都の教室ま
で行かなくても、それぞれの場所で、必要な科学的議論が可能だったのです。ま
さに100年先を見据えた観測所計画でした。当然のことながら各観測所からも、
単なる観測報告ではなく、数々の研究成果が発表されています。

　志田は昭和11（1936）年、病のため退官し、7月に60歳で没しました。志田
のあとを引き継いだのは佐々憲三（1900-1981）でした。自ら設計した佐々式の
地震計を阿武山や阿蘇の観測所に設置し成果を上げ、地球物理学教室の基盤は一
層拡充されました。佐々や建築学科教授の棚橋諒（1907-1974）らの努力で、昭
和26（1951）年に京都大学宇治キャンパスに防災研究所が設立されました。

4.5 東北帝国大学の地球物理学

　明治40（1907）年、東北帝国大学が創設されました。明治44（1911）年には東北帝国大学に理科大学が開設され、物理学の教授に日下部四郎太（1875-1924）が迎えられました。東北帝国大学の地震学の基礎は日下部によって築かれました。

　日下部は明治33（1900）年、東京帝国大学理科大学物理学科を卒業後、長岡半太郎の研究室で研究を続けていました。研究室の先輩には本多光太郎（1870-1954）、後輩には寺田寅彦がいました。日下部はここで岩石の物理学的性質を研究し、その過程で岩石の性質と地震現象を結び付けて考えるようになりました。

　理科大学が創設されたとき、日下部のほかに本多や石原純（1881-1947）らが物理学教室の教授に迎えられました。理科大学は翌1912年、向山観象所を作り、気象や地震などの自然現象の観測と教育を始め、日下部は観象所で地震の観測と研究を始めました。なおこの観象所はその後、八木山、さらに青葉山地区に移転し、理学部付属の青葉山地震観測所へと発展しました。日下部は東北帝国大学の地震学の基盤を構築しましたが、大正13（1924）年7月、急に病を得て亡くなりました。49歳の若さでした。

　日下部の後を継いだのは中村左衛門太郎（1891-1974）でした。中村は大正3（1914）年、東京帝国大学理科大学実験物理学科を卒業して、中央気象台に就職しました。大正12（1923）年の関東地震の時は地震掛長で、震災の過酷さを身をもって体験していました。そのため地震予知には大きな関心をもち、地磁気や地電流の観測によって地震予知が可能になるだろうとの信念をもっていたようです。したがって、大学での地震学研究の主流は地震に伴う地電流や地磁気の変化に向けられました。

　地電流が注目されるようになったのは、関東地震の前に前兆的な現象があったとの報告がなされたからです。東北帝国大学構内では地電流の観測が継続されていましたが、関東地震の発生前後に仙台の観測でも電位差に大きな変化を記録したとの報告が発端でした。

　また、東北帝国大学動物学教室の畑井新喜司（1876-1963）は青森県浅虫の生物研究所でナマズの感受性の研究を行っていて、浅虫に設置した地震計が記録する地震発生の数時間前に、ナマズがピックと動く特異な挙動を示すことがあると

写真8　1964年3月，日米地震予知シンポジウムの集合写真．昭和時代に活躍した名古屋以東のおもな地震学者が参列している（この後京都でも開かれたので西日本の研究者はほとんど出席していない）．前列右から二人目が和達清夫，その左が坪井忠二，2列目右端が松沢武雄，その左は萩原尊禮，中央背の高い人が本多弘吉，後列左から浅田敏，その右金森博雄，6人目は安芸敬一，筆者も後列で末席を汚している．

気が付いたようです。そしてその発生確率は80％と高い確率でしたが、厳密には統計的吟味は行われていなかったようです。しかし、この関係を知った中村は仙台、浅虫、八戸などで地電流の観測を続けました。その後地震と地電流の関係は多くの人が研究し、関東地震直後に期待されたような結果にはならないことがわかってきました。また、ナマズについても、同様で地震の前兆現象として予知に使うことはできないことも明らかになりました。

　しかし、地電流にしても、ナマズにしても、大地震が起こると必ずといってよいほど話題になり、現在でも実際に研究らしきことをする人がいるようです。4.1節で述べた坪井忠二の言葉を思い出して欲しいです。

　中村は昭和24（1949）年に新潟地震発生の可能性を発表しました。発表というよりは、新聞記者の問いに、自分の地磁気測定の異常を気楽に話しただけのようですが、大きな騒ぎになったのです。当時、中村は野外で簡単に地磁気の伏角が測定できる地磁気伏角計を背負い、全国を測定して歩き回っていました。日本海沿いに測定をしてきて新潟で大きな伏角の変化を記録したので、この事実を記者に話したのです。「そのような変化が起こると大地震が発生した例が多い」と付け加えたので、すぐに「新潟で大地震発生説」が社会問題化したのです。中村

は地震予知に強い関心と責務をもっていた人で、自説を強調しましたが、彼の
データだけで、すぐ大地震の発生を予測できないという、一般論で騒ぎは沈静化
していきました。その後1964年「新潟地震」（M 7.5）が起こりましたが、当時
の中村の発表とは無関係で、前兆的な現象は何も報告されませんでした。

　私も中村には、個人的な思い出があります。1964年、日本で初めて日米地震
予知シンポジウムが開かれたときのことです（**写真8**）。中村は東北大学定年後、
熊本大学の教授もされていましたが、すでにその時は退官されていたと思いま
す。日本の地震学者の一人として会議に出席されていました。その席上での中村
の挨拶です。「私を地震研究に駆り立てたのは、1906年のサンフランシスコ地震
です」と述べ、アメリカの代表から拍手が起こりました。サンフランシスコ地震
はアメリカで観測された史上最大の被害をもたらした地震ですが、発生した時、
中村は15歳ぐらいのはずです。地震掛長として苦労した関東地震より以前に、
アメリカの地震に大きな刺激を受けたという発言だったので、若造としてシンポ
ジウムの雑用係をやっていた私の記憶に残っているのです。

4.6　第二次世界大戦中の地震研究者たち

　2020年10月、ときの総理大臣は日本学術会議から推薦された会員のうち、6
人の任命を拒否して問題が発生しました。学術会議は第二次世界大戦中に、多く
の学者が軍事研究に協力させられた不幸な過去を繰り返させないために組織され
ました。発足当時の総理大臣はワンマン宰相と呼ばれた吉田茂（1878-1967）で
したが、その吉田も会員を総理大臣が任命するのはあくまでも形式的で、学問は
政治からは独立した組織で、学者の研究の自由を保証しているのです。2020年
の問題は、学術会議会員の任命拒否をした総理大臣の見識が問われる大問題なの
ですが、政治家の間ではあまり騒がれないようです。

　学者が軍事研究に動員された最大の例が、アメリカにおける原子爆弾の開発で
す。アインシュタイン（Albert Einstein, 1879-1955）は、第二次世界大戦を少し
でも早く終結させたいとの願いから、その開発作製に協力した原子爆弾の使用の
許可書にサインしたとの話を聞いたことがあります。日本でも戦時下では物理学
者が原子爆弾の研究に、携わらざるを得なかったようです。

　昭和15（1940）年の三宅島噴火では、地震研究所では全所的に総力を結集
し、現地での組織的観測や調査が実施されました。地磁気の大きな変化が観測さ

れ、地下に物質の大きな変動があったことを示すもので、助教授だった永田武
（1913-1991）の岩石磁気の研究が、その解明に貢献したのです。

　地震研究所の任務の一つが、地震現象の研究から災害の軽減、防止にあり、こ
れは戦時下では平時にも増して重要なので、本務に励むことが戦争関連の研究に
参加しているのと同じであるとの考えが、研究所の通念でした。したがって、昭
和18（1943）年の「鳥取地震」（M 7.2）では、それまで通りの観測体制で現地
調査が行われましたが、被害調査は公表されませんでした。その後の東南海地
震、三河地震、昭和新山の生成を伴う有珠山の火山噴火活動などでも、被害調査
は公表されませんでした。被害の発表は戦意喪失につながるとの政府の判断から
です。

　地震研究所でも昭和19（1944）年には、教授、助教授全員が陸軍臨時嘱託に
なり第3陸航空研究所付を命ぜられました。研究所内でも爆震爆風部門、地雷探
査部門が設けられ、2、3の職員が陸軍の研究に携わるようになりました。この
ような形を取らないと、研究所の男子の若手職員のほとんどが召集されてしまう
という心配もあったのです。

　そんな時代背景の中、萩原尊禮と永田は「磁気爆雷」という兵器の開発に従事
することになりました。私はこの話を萩原から何回も聞かされましたが、戦争中
の苦衷を若い世代に伝えたいという気持ちからだったと理解しています。その詳
細は「磁気爆雷の研究をやらざるを得なくなったこと」（『地震予知と災害（理科
年表読本）』萩原尊禮、丸善、1997）に詳しいので、そちらに譲ります。2人の
努力は結実しましたが、敗戦によりすべては水泡に帰したようです。

　1945（昭和20）年1月13日の「三河地震」（M 6.8）は規模の割には死者が
2000人を超え、大きな被害が出た地震でした。断層も現れ、その周辺で被害が
大きかったことが、地震後の調査で判明しています。萩原は海軍の許可を得て、
三河地震の現地調査に赴いたそうですが、持参した調査用のカメラは風呂敷に包
み隠しもって歩いたと語っています。うっかり憲兵に見つかると、スパイと間違
われ面倒なことになるのを避けるためでした。

　その1カ月前の昭和19（1944）年12月7日に「東南海地震」（M 7.9）が発生
しています。地震研究所では金井清（1907-2008）が熱心にこの地震の調査をし
て調査記録も残されたようです。昭和20（1945）年8月15日に終戦を迎えた後、
金井は広島に原爆の調査に行っていました。その留守中に、地震研究所では連合

軍の進駐に備え、機密事項だった地震の被害関係の資料すべてを焼却処分にするような指示が出されました。その指示に忠実に従った職員が東南海地震の調査資料すべてを焼却したそうです。

　その後、私たちが『図説　日本の地震　1872-1972』（東京大学地震研究所　研究速報　第9号）をまとめるに際し、過去の論文をかなり読みましたが、この東南海地震の資料はきわめて少なかったです。

　大戦が終わるたびに、科学技術は大進歩を遂げるとの意見を聞くことがあります。その傾向はあるにしても、戦争による影響は一般市民の日常生活にばかりでなく、研究活動にも決して良い影響はありません。研究者の自由な発想が科学を進歩させ、その基礎の上に技術が進歩し、人々が幸せになれるのです。1960年代ごろまでの日本のトランジスタに代表される、電気製品の進歩がその一つの例ではないでしょうか。政治は「金は出しても口は出さない」の大原則を厳守すべきです。

【図・写真の出典】

［写真6］　唐鎌郁夫氏 提供.
［写真7］　小山悦郎氏 提供.
［写真8］　唐鎌郁夫氏 撮影，提供.

第5章　新しい時代の始まり

5.1 敗戦直後の出来事

　日本は1945年8月15日を境に大変貌を遂げました。よく聞く話として、当時の中学校で、昨日までは「鬼畜米兵」と大声を出していた教師が、翌日には「アメリカの文化を称賛」し、多感な中学生を混乱させたり、不信感を抱かせたりしたことでした。自然現象は世の中の変化に関係なく、次々に発生しました。

　1946（昭和21）年2月、ベヨネーズ列岩東方海上で海底噴火が発生しました。航空機はもちろん船舶も失った日本国は、海底火山の噴火の調査はできませんでした。

　1946（昭和21）年3月9日、桜島が噴火を開始し、溶岩の流出が始まりました。噴火活動は6月ごろには衰えましたが、11月ごろまで続きました。地震研究所では萩原尊禮が中心になり、海軍を除隊してきたばかりの若い研究者たちを連れて、満員列車で鹿児島に行き、桜島で現地調査をしました。宿屋で供される食事はサツマイモが大量に入ったご飯で、海軍でぜいたくな生活をしていた若手は耐えられないと不満をいい、萩原はヤミ米調達に努力する毎日だったと語っていました。そんな苦労はしても、現地での観測や調査を実施していたのです。

　1946（昭和21）年12月21日、南海地震（M8.0）が発生しました。萩原はやはり軍隊を除隊してきたばかりの助手・村内必典（1918-）を中心に、地震観測や土地の伸縮、傾斜観測の準備を始めました。観測機材一式がそろうと梱包し、荷車に載せて東京駅まで運び、鉄道便で四国まで送るように交渉し、依頼するのです。交通事情の悪い時代ですから、交渉も大変だったでしょう。

　この観測資材一式を梱包し、鉄道便で送る方法はその後も続き、私も経験しました。1961（昭和44）年8月19日に発生した「北美濃地震」（M7.0）のときのことです。私は院生で、夏休みを取り、信州に遊びに行っていました。地震発生から数日して地震研究所に顔を出すと、職員の人たちは臨時観測の準備で大変でした。私も現地への地震計設置を手伝う計画になっており、2日間ですべての準備を終えました。梱包した機材は当時の国鉄の駅構内で使用していた台車2台分に乗る量でした。南海地震の時と違うのは、東京駅まで機材を運搬するのに、業者に委託してトラックを利用できたことです。東京駅に着くと、すぐ交渉して、私たちが乗る夜行列車で機材すべてを送れるように頼みました。その夜、列車の発車前に東京駅で自分たちの荷物を確認、車掌にも荷物は岐阜駅で下ろすからと

伝えました。そして岐阜に着くと急いで荷物車に行き、駅員を手伝い荷物を降ろし、台車に積み、高山線を経て、当時の越美南線で美濃白鳥まで運びました。途中の荷物の積み替えもほとんど自分たちで行いました。当時の私は地震学で、最も得たものは荷造りが上手くなったと冗談をいっていましたが、その後の余震観測や臨時観測では自動車が使えるようになり、鉄道便での輸送はなくなりました。また地震計も小型で高性能になってきて、輸送も楽になりました。北美濃地震での経験は私にとっては最初で最後でした。

南海地震を観測する人たちは 12 月 29 日に東京都を出発し、その日は岡山市泊まり、翌 30 日の一番列車で岡山市を出発、連絡船を乗り継ぎ、徳島市に着いてそこに泊まり、大晦日に高知県に到着しています。新幹線も瀬戸大橋線（本州四国連絡橋）もない時代の話です。

高知県下に 4 台の地震計を配置し、室戸岬には地盤の隆起や沈降を連続的に検出するために水管傾斜計を設置して観測を始めました。観測は半年間継続しましたが、担当した若い技官の人は冬に東京都を出発し、帰京できたのは夏になってからでした。着替えを送ることも簡単にはできない時代でしたので、真夏の東京へ出発した時の冬服で帰ってきたと、語り草になっていました。また現地で米の配給を受けるため住民票を高知県に移さねばならなかったそうです。

そんな苦労をしての観測でしたが、南海地震では大きな地殻変動はあったものの余震はほとんど起こらず、その後に言われ出したヌルヌル地震（スローアースクエイク）の初めての観測になったのでした。「苦しくてもつらくても観測をやる重要性を改めて知った」と萩原から聞かされています。

また今村明恒は退官後、私費と寄付で紀伊半島から四国南端にかけて、観測所を維持し、同時に地元自治体にも大地震発生の可能性を説いていましたが、ほとんど関心を示されなかったようです。実際、戦後の混乱期では自治体も目先の作業に追われ、地震対策を考える余裕もなかったのでしょう。戦時中の資材の不足、戦後の混乱で地震発生時には満足に観測が継続されない状態でしたので、今村は大変残念がっていたようです。

南海地震発生後、今村は再び「地震を予知した先生」と評価されました。南海地震は予知されていたという噂を知った GHQ は、すでに述べたように、その真偽を確かめるためにグーテンベルグを派遣しました（**第 3 章 写真 5** 参照）。その経緯、詳細も萩原がすでに詳述しておりますので（『地震予知と災害』（理科年

表読本)』萩原尊禮、丸善、1997 参照）省きます。

5.2　帝国大学の改革

　話は戻りますが、大正7（1918）年に北海道帝国大学が設立されました。明治
43（1910）年の有珠山の噴火からは8年が過ぎています。昭和14（1939）年に
は名古屋帝国大学が設立されました。

　昭和22（1947）年各帝国大学は大学と改称され、昭和28（1953）年には新制
大学発足とともに、各旧帝国大学も新制大学となり、北海道大学、東北大学、東
京大学、名古屋大学、京都大学（ほかに大阪大学、九州大学）となりました。

　昭和24（1949）年、それまでの東京大学付置地震研究所が東京大学地震研究
所となって体制も変わり、所員は東京大学の一部局である地震研究所の教授、助
教授となり、東京大学全体の業務も分担するようになりました。

　筑波支所では石本式加速度計3成分、石本式シリカ傾斜計、水管傾斜計などの
観測の継続や、新規に開発された諸計器のテスト観測などを実施し、その後も
それぞれの時代の新しい器機による観測が継続されていました。硬い岩盤の上
にある筑波支所（後日、筑波山地震観測所と改称）は、地震観測には最適の場所
で、1957 年からの国際地球観測年（IGY；第9章で詳述）を契機として、昭和
33（1958）年1月から、アンダーソン・ウッド型水平2成分、HES（萩原式電磁
地震計）3成分の観測が始まりました。また同年3月からはアメリカの依頼によ
りコロンビア型長周期地震計による観測も始まりました。

　アンダーソン・ウッド型地震計の設置は、1.3 節で述べたように、日本の地震
研究者もマグニチュードに注目を始めたので「マグニチュード」の定義の原点で
あるアンダーソン・ウッド型地震計での観測データの必要性からでした。

　HES は萩原の開発した電磁式地震計で、振り子の動き（地震動）を変換器に
よって電流の変化に転換し光線に変えてフィルム上に記録する方式の地震計で
す。地震計は 10 kg の重りを使い大型ですが、非常に安定した記録が観測できて
いました。その後は地震研究所の各観測点の基本的地震計として機能していまし
た。余談になりますが南極昭和基地に設置した HES は 30 年間、ほとんど器械に
手を加えないで記録が取れていましたので、まさに「世界に誇れる銘器」といえ
ます（第9章 参照）。

　長周期地震計は表面波の長周期の波の観測の重要性が認識され始めた時代で、

アメリカが世界8カ所に設置を依頼した1地点として、筑波山地震観測所が選ばれました。すでに **1.9節**で述べたように、私が日本列島の地下構造を求められたのは、このような長周期地震計の地震記録の解析からです。長周期地震計の設置の成果の一つの例です。

筑波支所にはこのようにいろいろな種類の地震計を設置して比較観測することにより、短い周期のP波やS波から、周期が100秒を超す長周期の表面波まで、広帯域の波動現象が記録されていました。

昭和22(1947)年に地震研究所は油壷地殻変動観測所を設置して、地殻変動の研究を開始しています。地震の前兆の一つとして、土地の急激な隆起の可能性が今村明恒により指摘されていました。油壷は萩原が戦時中に海軍で地雷の研究に従事していた時、海上から訪れていた地で、防空壕用に掘られた横穴が、水管傾斜計の設置場所として適していたことから、戦後の混乱期にもかかわらず、設置ができたのです。昭和24(1949)年には松山地殻変動観測所も設置されました。当時の地震研究所の地殻変動検出の熱意が伺えます。

そんな時代背景で昭和40(1965)年3月までに、地震研究所は9カ所に観測所を設けました。その中に後述する霧島火山観測所、和歌山微小地震観測所、白木微小地震観測所が含まれます。

昭和24(1949)年名古屋大学理学部に地球科学科が新設されました。これにより、中部地方の地震活動や火山噴火活動への監視、注目が可能になりました。

4.4節でも述べたように昭和26(1951)年京都大学防災研究所が設置されました。自然災害を自然科学と社会科学、人文科学の面から追求し、社会構造の中で災害の軽減を目指すとの理念のもと設立され、昭和35(1960)年には付属施設として桜島火山観測所が設置されました。これは活発に活動を続ける桜島を科学的視野で監視したいという地元の要望に従ったのです。また昭和39(1964)年には鳥取微小地震観測所が設置されました。昭和18(1943)年「鳥取地震」(M 7.2)により鳥取市は死者が1000人を超す大きな被害を受け、断層が生じました。そんな背景があり鳥取市に地震観測所が設置されたのです。

昭和28(1953)年北海道大学理学部に地球物理学教室が新設されました。時系列で羅列しますと地震や火山を教育、研究する大学の創設や拡充は、このようになっています。

5.3　松代地震観測所

　1944 年 11 月 11 日、日本政府は第二次世界大戦で、米軍の日本上陸に備え、皇居と大本営を疎開させる場所として、硬い岩盤のある長野県松代町西条（当時）の地を選び、掘削工事を開始しました。地下に掘られた横穴の総延長はキロメーターのオーダーだそうですが、完成を待たず終戦を迎えました。横穴の入り口付近には皇居予定地として階段状に 3 棟の平屋の木造家屋が並び、東側から天皇の御座所、皇后の御座所、宮内庁（もしくは大本営）本部に使用されることを前提に設計された建物でした。それぞれの建物からは外に出ることなく、地下壕に避難できるようになっていました。

　戦争が終わり、無用になったこの横穴をどうするかが問題になり、中央気象台が地震観測用に使用する案が浮上し、現地調査がなされました。当時は中央気象台職員で、地震の専門家として現地調査に参加した本多弘吉（1.7 節 参照）から直接聞いた話では、「とにかく長い横穴で驚いた、地震観測には最適ではあるが、とても全部の穴を使うことはできないと感じた」との感想でした。

　日本列島は細長い島国なので、ほとんどの場所が海岸から直線距離が長くても 100 km 足らずです。ですから海の波が引き起こす波動が内陸まで伝わってきますが、そのような波動を「脈動」と呼びます。冬の日本海は荒れる海ですので、冬季は日本列島ではどこでも脈動が大きくなります。したがって小さな地震を観測しようと、地震計の倍率を上げても、脈動がノイズとして記録されて、地震の信号と区別がつきにくくなります。また脈動は軟弱地盤では大きく、硬い岩盤では小さくなります。

　松代は日本海からは直線で 70 km 程度ですが、山村で人間が起こす生活振動も少なく、岩盤も硬いので地震観測には適しているとされ、中央気象台は地震観測所の設置を決めました。そして 1947 年 5 月 1 日には予定した横穴近くに中央気象台松代分室を設置しました。そして翌 1948 年 2 月には中央気象台松代地震観測所が発足しました。観測所の建物としては、3 棟の木造家屋が使われました。ただし、少なくとも 1965 年の松代群発地震発生前までは、当時の観測所長の発案だそうでしたが、皇后陛下と宮内庁用の建物だけを使用し、天皇の御座所予定の建物は、おそれ多いので使ってはいませんでした。松代群発地震以後、そのスペースは一般参観者用の展示室になっていたと記憶しています。

　そして、横穴内に仕切りを設け、1949年にウィーヘルト式地震計による地震観測を開始しました。その後もいろいろな地震計を並べ観測を継続しています。長い横穴の利点を利用して土地の伸び縮みを測定するため、1953年には長さ100 m の石英ガラス管伸縮計を設置しました。

　世界標準地震計については **5.5節**で詳述しますが、アメリカ沿岸測地局から松代地震観測所への設置の依頼があり、各3成分の長周期地震計、短周期地震計が設置されることになりました。日本は南極昭和基地の地震計も世界標準地震計と同じ性能にする計画があり、それらの地震計を設置する南極観測隊員候補に私がなっていましたので、私もその設置を見学するため松代地震観測所に滞在しました。

　アメリカから2名の技術者が来日して、1965年6月中旬から設置作業が始まりました。一般に振り子式地震計の短周期地震計は扱いやすいですが、振り子の固有周期が長くなる長周期地震計は、設置したあと安定するまでの調整に時間がかかります。アメリカの技術者たちの作業も、短周期地震計は5日間ほどで順調に記録が取れるようになりましたが、長周期地震計は10日間ぐらいを要したと記憶しています。

　それでも7月に入ると、長周期地震計の作動も安定し、順調に記録が取れるようになりましたので、私は帰京しました。それから1週間後にはアメリカ人たちも帰国したようです。6台の地震計は順調に作動していると聞きました。正式な観測が始まってすぐの1965年8月3日、新設の短周期地震計に3個の地震が観測されたと地震研究所の私に連絡がありました。それまで遠方の地震しか記録されなかったので、観測所の人たちは発生した小さな地震に興味をもったのです。それから2年以上に及ぶ「松代群発地震」の始まりでした。当時の世界最高水準の地震計が稼働し始めたとたんに起こり出した松代群発地震に、運命的なものを感じました。

　その後も松代地震観測所には新しい観測機器が設置され、世界最先端の地震観測所として評価されています。とくに世界標準地震計の時代からの地下核実験探知に関する実力から、包括的核実験禁止条約の共同観測を実施しており、自然科学の地震学への貢献だけではなく、核開発阻止の平和への願いを込めた観測でも評価されているのです。

　2016年4月1日から地震の解析業務は気象庁本庁に移管、現地の施設の維持

管理は長野地方気象台が行うようになり、松代地震観測所は無人となりました。

5.4 地震発生説

　1946年の「南海地震」は東京帝国大学を定年退官していた今村明恒が予知をしたとされる話はすでに述べました。今村は地震の前兆として地殻変動が起こると信じていたようで、1944年の「東南海地震」発生前に、陸軍陸地測量部に依頼して東海地域で、水準測量を繰り返していました。平常時は測定値がある一定の値に収束するのに、その時はなかなか収束せず、測量士たちが困惑しているときに地震が発生してしまいました。この出来事は大地震発生前に地殻変動が発生する可能性が大きいので、前兆現象として予知に使えると関係者の間では期待されるようになったのです。

　その2年後に南海地震が発生し、今村は地震を予知したと評価されました。5.1節で述べたように、その噂はGHQにまで届き、グーテンベルグが来日し、東京大学地震研究所や地球物理学教室、中央気象台などを訪れ、実情を調査したのです。今村が「地震を予知した」と評価されたことに刺激されたのか、昭和22（1947）年から23（1948）年にかけて、関東地震説、関西地震説、秩父地震説、昭和24（1949）年に新潟地震説が世の中に流れました。このうち新潟地震説についてはすでに4.5節で述べてあります。

　関東地震説は三浦半島先端付近の油壷の検潮儀により30cmの潮位の低下、つまり陸地の上昇があり、それを追認するかのような房総半島の沈降が伝えられ、関東地震の再来が騒がれたのでした。

　関西地震説では京都大学の佐々憲三教授が、京都府警に警察部長を訪れ、逢坂山のトンネル内に設けた伸縮計や傾斜計に異常が出たため、防災の立場から要注意と進言したとの新聞のスクープで騒ぎが広がりました。

　当時組織されていた地震予知研究連絡委員会で検討した結果から、それらの異常数値が必ずしも大地震の発生に直ちに直結するものではないとの結論に達し、世の中の地震発生騒動は沈静化していきました。

　秩父地震説は、中央気象台の職員の研究成果でしたが、その内容をほとんどの人が信用していなかったようです。ところが、たまたま出席者の一人が「お説に従えば次の地震は何処ですか」と問うたところ「福井か秩父」と答えたそうです。ところが、それから2週間後に「福井地震」（M 7.1）が発生したので「次は秩

父」となってしまったのです。発表者自身は自説に対し控えめであったようですが、新聞各社は大々的に報じ、地元は大混乱、社会はその発表を信用してしまったのです。中央気象台の中でも、世の中の注目を浴びた研究発表に喜ぶ人がいる反面、冷静にその説を検証する人もいました。その結果、福井地震が発生したのは全くの偶然であって、発表された学説は信用に値しないとの結論で、世の中は沈静化していきました。

　現在も大地震の発生の噂については同じようなことが起きていると思います。とくに週刊誌などでは必ず「またあの人か」と特定されるような人が「地震を予知した」、「次の大地震は○○」などと報道されます。その種の報道でこれまで、大地震の予知に成功した例はありません。発表者は世の中に間違った誤解を与えないためにも、自らの研究成果なり学説を、メディアに直接伝えることは絶対にすべきではありません。どんなにメディアに話したくても、必ず関係する学会などで発表して、ほかの人の目で批評なり検討をしてもらうべきです。それが世の中に無用な混乱を起こさない最適な方法です。

5.5　地震研究所の観測所設置

　東京大学地震研究所は昭和38（1963）年、研究所2番目の火山観測所として霧島火山観測所を設置しました。1959年に霧島山系の新燃岳で噴火が発生し、1961年には北側に接する加久藤（かくとう）カルデラで群発地震が発生し、県の要請もあり、えびの高原に観測所を設置したのです。山体の数カ所に地震計を配置し、常時観測を開始したほか、山麓の観測点では地元の人に記録紙交換を委託して観測を実施しました。地震計からの信号は山中では地上に電線を這わせ、観測所で記録する方式でした。

　職員は助教授、助手各1名、技官2名の計4名の定員でした。しかし最初の数年間を除いて、助教授は東京勤務となり、3名で観測を継続し、必要に応じて東京からサポートが来る体制でした。1968年には加久藤カルデラ内でマグニチュード6前後の5回の地震群を主震群とするえびの（群発）地震が発生しました。

　昭和3（1928）年、東京帝国大学教授時代でしたが今村明恒は、来るべき南海道大地震に備え、紀伊半島から四国地方の地殻活動を観測する目的で、財界や地元の寄付で南海地動研究所を設立しました。昭和5（1930）年、今村は退官し、その後は寄付と私財で、あちこちに観測所を設け観測を続けてきました。終戦前

後の混乱期には観測機材も不足し、観測器械が故障しても修理に行ける交通事情ではなく、多くの観測点で欠測が続いていました。

昭和27（1952）年、地震研究所はその一部の観測を再開しました。その中心は和歌山市内の観測点で、今村の子息が高校の先生を務めながら観測を継続されていました。その建物は和歌山市内の電車通りに面しており、当時の感覚からしても地震観測には適さない環境でした。もちろん今村が観測所を設置した当時は、電車などは通っていなかったのでしょうが、市街地の拡大によってそうなったのでしょう。初めて訪れた時、地震計が置いてある観測所と聞いていたのに、電車通りに面していたので驚きました。おそらく電車通りに面した地震観測所は空前絶後だと思います。

そのような経過があり、昭和39（1964）年に地震研究所の和歌山微小地震観測所として正式に発足しました。紀伊半島南部を中心に観測点を設置して、南海地域における地震活動を監視する観測所としての機能を開始しました。

世界の冷戦の中、昭和38（1963）年、アメリカ沿岸測地局から世界標準地震計を日本国内に設置するように依頼があり、学術会議はこれを受け入れるように勧告しました。その結果日本では、**5.3節**で述べたように、気象庁松代地震観測所と東京大学地震研究所が受け入れることになり、日本列島内の地理的な条件を考慮して、被爆地でもある広島県に場所を求め、昭和40（1965）年3月、白木微小地震観測所を設置しました。

世界標準地震計とは、1962年ごろから、アメリカがソ連（当時）の地下核実験を探知する目的で世界124カ所に設置した地震計で、その観測網は頭文字を取ってWWSSNと呼ばれました。ソ連の地下核実験探知なので、東ヨーロッパには地震計は設置されておらず、観測網の外でした。

地震計はプレス－ユーイング式長周期地震計3成分とベニオフ式短周期地震計3成分の6台の地震計で構成されていました。このどちらの地震計もHESと同じように地面の動きを電流に変え光線と検流計によって感光紙に記録する方式です。短周期から長周期まで広い範囲の周波数帯域の波動を高倍率で記録できます。

それぞれの地震計から毎日得られる6枚の地震記象はアメリカのコロラド州ボルダーのデータセンターに送られてマイクロフィルム化され、その後、原記録は再び各観測所に返送され保管されていました。研究者は日時を指定してマイクロ

写真9　白木微小地震観測所の観測坑入口付近概観.

フィルムを購入することによって、自由に研究に使うことができました。地震計の倍率は観測所によって異なりますが、その周波数特性は統一されており、観測網内の各観測点では特性のそろった質の良い同じような記録が得られるので、研究者にとっては使いよい記録でした。

　1960年代、核爆弾保有国の地下核実験は国際的に問題化し、実験の有無を調べる目的で地震波形が使われることが検討されました。国際会議の一つの結論は、核実験ではS波は出にくいので、P波だけの地震の波に注目しようというよ

うな方針で、観測網は構築されていきました。

　またこの時代は、日本は学生運動の盛んな時でした。学生に占拠された東京大学安田講堂への警官隊突入は 1969 年 1 月でまだ先の話でしたが、地下核爆発探知の地震観測所が作られるというので「軍学共同研究だ」と叫ぶ学生が出てきました。白木微小地震観測所が設置された 1965 年、私は博士論文の執筆に忙しい時でした。しかし、指導教官の萩原尊禮が白木微小地震観測所設置の推進者であったことから、私のところにも、何回か活動家がやってきて「軍学共同に関する研究は止めろ」と説得されました。

　彼らのほとんどは学部の学生で、博士課程 3 年の私からは、はるかに後輩でした。私は地震研究の「いろは」、地震観測の「いろは」から説明し、地震観測所の維持が軍事研究には当たらないことを説明し続けました。そんなことを繰り返しているうちに、彼らも批判の対象にはなりにくいと気が付いたのか、反対運動の声は聴かれなくなりました。萩原は「観測所予定地の写真では、背後に花崗岩の切り立った崖が写っているので、軍事要塞でもつくると誤解されたかな」と笑っていました（**写真 9**）。第二次世界大戦中に軍事研究に従事せざるを得なかった萩原からすれば「軍学共同」はそんな安易なものではないと言いたかったのでしょう。私はもう一度、軍学共同を批判されたことがありましたが、その顛末は**第 9 章**で詳述します。

　白木微小地震観測所は世界標準地震計に加え、HES 一式を設置して観測を始めました。中国地方では日本海側の京都大学の鳥取微小地震観測所とともに、瀬戸内海側の地震観測所として、付近一帯の地震活動を調べる研究が続けられています。

【図・写真の出典】

［写真 9］　萩原尊礼著『地震の予知』, 地学出版社, 1966, カバー写真.

第6章　地震予知

6.1 地震予知とは

　「明日、東京に地震が起こる」と書いたら読者はどんな反応をするでしょうか。東京都内あるいは南関東でも、身体に感じない地震は毎日、必ずどこかで起きています。東京大学地震研究所筑波支所の地震計には毎日 20 ぐらいは微小地震が記録されています。微小地震とはマグニチュードが 1 以上 3 未満の地震を指します。

　近年は時にはテレビで放映される地震情報の中には、起きた地震のマグニチュードが 2.9 と報じられるのを見たことがあります。よほど浅い地震だったので身体に感じ、テレビでも報じられたのでしょうが、この程度の地震では震度は大きくても 3 か 4、もちろん被害はありません。マグニチュードが 3 以上 5 未満の地震を小地震と呼びます。震源がきわめて浅い小地震の場合は、震源付近では震度 5 弱となる場合があるかもしれません。こんな時は、古い建物などでは、壁に亀裂が入ったというような被害が出ることもあるでしょう。多少の強い揺れを感じたとしても、人間にとっては無傷の場合がほとんどです。

　マグニチュードが 5 以上 7 未満の地震は中地震、7 以上を大地震と呼びます。中地震になれば震源地付近では被害が発生することはあります。外国の場合、たとえば中国やイラン、イラクなどでは、M 6 の地震でも死者が 100 人を超すような被害が出ることはしばしばです。しかし地震対策が進んでいる日本では、M 6 クラスの地震では死者が出ることはほとんどありません。

　日本で死者を伴うような被害の出る地震は M 7 クラスからです。最近は M 8 クラスを巨大地震、M 9 クラスを超巨大地震と呼ぶことがありますが、これはマスコミ用語です。

　微小地震はかなりの頻度で起きているので「地震が起きる」といったところで、地震を予知するとかしないとかの以前の問題で、ほとんど意味はありません。当たり前のことなのです。ですから「発生した地震を予測した」とはいえません。重要なのは発生する地震の大きさを明示しなければなりません。大きさをいわないで「明日地震が起こる」といえば、日本中、何処でいっても当たります。

　同じような意味で日時を示さず「地震が起きる」といい続ければ、そのうち身体に感じる地震が必ず起きますが、同じように無意味な情報発信です。地震を予知するということは、その大きさ、場所、日時を明示しなければなりません。こ

の3項目は「地震予知の3要件」です。昭和20年代前半に出された地震発生説はどれも、この3要件を明示した例はありません。今村明恒が関東地震や南海地震を「予知した先生」と評価されるのを私が否定したのは、3要件のうち、少なくとも日時の明示が無かったからです。今村の時代ですから地震の大きさは死者数を考え、1000人以上は犠牲者が出る可能性がある、地域は関東地震では東京都の都市部、南海地震では東海地方から近畿地方の太平洋沿岸と、なんとなく伝わりますが、時期についてはまったく述べていません。述べていないというよりは当時の地震学の知識で述べることは不可能だったのです。

　大正関東地震は今村が雑誌『太陽』に地震に対する注意事項を発表してから17年後に起こりました。今村が定年退官前から準備し、1930年の退官後には力を注いだ、現在でいう南海トラフ沿いの地震では、1944年の東南海地震、1946年の南海地震とそれぞれ地震発生まで十数年の歳月が過ぎています。現代科学の目指す地震予知は、これでは意味がありません。ですから私は「今村は地震を予知していない」と主張したいのです。

　今村が偉大なのは、「東京で大地震が発生する」「南海地震は必ず起こる」ことを繰り返し述べ続けたことです。20世紀後半に出された「東海地震発生説」や「(関西か西日本での) 大地震切迫説」の主張者は、その発言を長いことは続けませんでした。彼らが現在も同じ主張を続けるならば、南海トラフ沿いの地震が繰り返し起きていることは明らかなので、いつかは発生します。それに備えて発言を続けるべきなのに、それをしていません。ここに今村との違いがあります。私には今村ほど学問に対して真摯な対応をしていないのだと思えるのです。

　これからも、折に触れ、大地震発生説が世の中に流れることがあるでしょう。その真贋を見分けるには、地震予知の3要件をどの程度満たしているかを考えてください。多くの場合、すべての要件があいまいです。地震の専門家を自認する人の発言でも、発生する時期はあいまいです。すべて信用に足る情報でないと判断すべきです。

　地震予知計画で目指した予知すべき地震は以下のように考えられていました。

1. 大きさは太平洋岸に起こるM8、内陸から日本海側にかけてはM7.5以上の地震は予知したい。
2. 発生場所は〇〇県東部という程度には絞り込みたい。

3. 発生日時は、理想的には 2 〜 3 日前まで、1 週間前程度には明らかにする。
1 カ月前では長すぎる。

　これまでの発せられた地震発生説で、この 3 要件を明示して、話した例を私は知りません。

　しかし地震の発生日時がきわめて正確な場合があります。何年何月何日何時何分に地震が起こるというような話が、少なくとも 20 世紀の間にはたまに週刊誌に出ていました。大地震発生ではありませんが、富士山が大噴火すると、発生時間を指定した例がありました。発表者はマスコミに自説を展開し、1984 年 9 月 15 日（だったと思いますが）の夜、発言を信じた人々や野次馬が富士山麓のあちこちにカメラを構え集まりました。しかし何も起こりませんでした。時間が正確に求められたのは、噴火の根拠が「いくつかの惑星が一列に並び、その引力の作用でマグマが爆発する」という天体運動だったのです。惑星の運動は十分にわかっていますので、地球の内部のことにはなにも言及せず、ただ外部から力が加わるから爆発ということがいえたのです。

　この例のように、発生日時が詳しい地震発生の情報は占星術者からの発表が多いです。ただ外部からの力をいうだけで、地震の起こる場でストレスが溜まっているから発生の可能性があるというような話は皆無です。私は「地震発生説で、その発生日時が詳しければ詳しいほど信用できない」と注意を促してきました。

6.2　地震予知計画

　第二次世界大戦直後から地震学会および関係機関の中で醸成されてきた日本の地震予知への歩みは、地震予知に関心をもつ学会の有志による「地震予知研究計画グループ」（通称、地震予知グループ）が組織され、検討を重ね「地震予知―現状とその推進計画」をまとめました。学者が検討した日本の地震予知に対する素案で、研究者たちの間では「ブループリント」と呼ばれていました。そのブループリントが基になり、学術会議や文部省内での検討を経て、日本の地震予知に対する基本的な計画が出来上がりました。その内容は以下の通りです。

1. 測地学的方法の地殻変動の調査
2. 地殻変動検出のための験潮場の整備

3. 地殻変動の連続観測
4. 地震活動の調査
5. 爆破地震（人工地震）による地震波速度の観測
6. 地磁気・地電流の調査
7. 活断層・活動しゅう曲などの調査
8. 岩石破壊実験と地殻熱流量の測定
9. 地震予知観測センターの設置

　このような計画に沿って第一次地震予知研究計画が 1965 年から発足しました。世界に例をみない、国を挙げての地震予知の研究体制が構築され始めたのです。

　測地的方法の調査は水準測量や三角測量を日本列島全体で、10 年を反復期間として繰り返し、日本列島全体の地殻に関する情報を得ようとしていました。そのうちとくに重要と思われる地域、あるいは特別な変動現象がみられた地域では、狭い地域で 1 ～ 2 年間隔での反復測量が計画されていました。

　地殻変動検出のための験潮場の整備では、気象庁、国土地理院、海上保安庁水路部、大学などが有する既設の験潮場が 66 カ所ありました。それにさらに 26 カ所新設することにより、日本列島の海岸に沿っておよそ 100 km 間隔で、験潮場が設けられることになり日本の海岸地域の地盤の昇降を監視できるとしていました。

　現在と異なり GPS（汎地球測位システム）が登場する前で、測量は大変な作業でした。地殻変動を確実に検出する方法として、測地的な方法は優れてはいますが、その反復周期には自ずと制限がありますし、連続観測もできません。そこで器械による観測が必要になり、土地傾斜計や土地伸縮計が開発されていました。

　地殻変動の連続観測所としては、水平振り子傾斜計、水管傾斜計、水晶管伸縮計の 3 つを併設することが望ましいのです。この観測所を日本列島内で 100 km 四方に 1 カ所ぐらいの割合で設けることによって、地殻変動が連続的に捕捉できると考えられ、逐次観測所を建設することになりました。

　地震活動の調査に関しては，マグニチュード 5 以上の大・中・小地震については気象庁の地震観測網でほとんど対応できるので、当時進行中の気象庁の地震観測の近代化を促進すれば、目的は達成できると考えられました。地震観測システ

ムの近代化とは、テレメータによる地震データの送信や地震の自動読み取りなど
が含まれました。

　それに対し、微小地震や極微小地震（M 1 未満）に関しては、その観測は大・
中・小地震に比べて研究的色彩が強いので、当分の間は大学が観測を担当するこ
とになり、微小地震観測所が設けられました。微小地震観測所は、その観測所自
身にも地震計は設置しますが、さらに複数の衛星観測点を設け、それぞれの観測
所ごとに微小地震観測網を構築し、必要に応じて移動観測も加えることになりま
した。そのためには、大学本部に移動観測班も設けられました。

　爆破地震による地震波速度の測定は地質調査所が担当することになっており、
そのために必要な計器を整備し、爆破観測を実施します。さらに室内実験により
岩石に圧力を加え地震波速度の変化を測定します。

　地磁気の経年変化の局地的な異常がときどき発生しますが、地震発生との関連
を明らかにし、さらに地震発生地域を予測するために、国土地理院の地磁気測量
を充実させるとされていました。そして観測精度を向上させるために、国土地理
院のほかに各大学を含めプロトン磁力計の観測を実施します。

　活断層や活動褶曲などの調査は、当分の間は大学の研究者が実施し、将来的に
は地質調査所が日本全域の活断層や活動褶曲の分布図を作成し、地震発生が予想
される地域を特定しようとする計画です。

　岩石破壊実験や地殻熱流量の測定などは、未経験の部分が多いので、まず東京
大学地震研究所と京都大学防災研究所に専門の研究部門を設置して、そこを核と
して、研究を発展させようと考えられました。

　地震予知研究計画は基本的には必要な地球物理学的測定や観測を日本列島全域
で行おうとしており、計画が進行すれば、得られる測定や観測のデータは膨大に
なります。それらのデータを処理するためには、当時発展途上にあった電子計算
機を導入し、データの整理も自動化を図ることが計画されました。

　地殻変動連続観測、微小・極微小地震観測、地磁気・地電流観測などについて
は、観測センターを東京大学地震研究所と京都大学防災研究所に設置し、北海道
大学、東北大学、名古屋大学などにはサブセンターを置いて、電子計算機を導入
して観測資料の処理を自動的に行うことが考えられたのです。

6.3　大学の観測所

　日本の地震予知研究計画は1965年4月から始まりました。各大学では関連する既設の観測所の充実に加え、いくつかの観測所の新設が予定されました。

　地殻変動観測所では、まず北海道大学が襟裳岬に、東北大学は能代や三陸に観測所の設置が計画されました。ともに水管傾斜計や伸縮計が併置されています。

　東京大学地震研究所では、弥彦や北信にやはり水管傾斜計と伸縮計が併置された観測所の新設が計画され、既設の筑波山支所、油壺、松山、鋸山などの地殻変動観測所が拡充される計画です。名古屋大学では犬山や三河への設置が予定されていました。

　京都大学防災研究所では、岐阜県の北アルプス西側の上宝に水管傾斜計と伸縮計を併置した観測所を新設するほか、紀伊半島を中心に10カ所以上の地点に観測点を設ける計画でした。また九州・宮崎県にも観測所を新設しました。

　微小地震観測所では北海道大学が札幌と浦河に観測所が新設されました。浦河は北海道の南端に位置し、襟裳岬の地殻変動の観測所とともに、千島海溝から日本海溝に続く太平洋岸沖の地震活動の監視を見据えています。

　東北大学は秋田県に新設、宮城県仙台市の青葉山観測点の充実が予定されました。

　東京大学地震研究所では、世界標準地震計を設置した白木微小地震観測所や筑波山支所の拡充、和歌山微小地震観測所の拡充、堂平、新潟、長野に観測所の新設が計画されました。

　京都大学では阿武山観測所の充実、防災研究所の鳥取微小地震観測所や宇治の観測施設の充実、地殻変動観測所と連携した阿蘇や宮崎にも微小地震観測目的の地震計が設置されました。

　以上の基本計画に沿って各大学の観測所の新設、拡充は実行されましたが、途中で大きな前進がありました。5.3節でその始まりを述べた「松代群発地震」です。起こり始めは、誰もが大事件になるとは考えませんでした。初期段階の微小地震の群発は日本ではしばしば観測されていたからです。しかし1965年9月に入ると、地震回数はますます増え、被害はないもののズドーンという音とともに揺れを感じ、住民も不安を感じるようになりました。地震研究所は総力を挙げて総合的な観測を実施することになりました。9月末ごろになると地震回数は一日

500回を超え、これまでに経験したことの無い様相を呈していました。

　地震研究所ではとりあえず松代周辺の4カ所に地震計を設置して臨時観測を始めました。その結果地震は主として皆神山を中心とする直径数キロメートルの、深さ4km前後の浅いところで発生していることがわかりました。

　10月に入り水準測量や光波測量も行われ、松代地震観測所の坑内には水管傾斜計を設置して土地の傾斜を測る作業が一斉に開始されました。

　地震観測点を増やし、群発地震の活動の推移が見守られましたが、1965年4月ごろには松代地震観測所の10万倍の地震計が記録した一日の地震回数が6000回を超えました。この月には震度5の地震が5回も起こり、小さいながら被害が目立つようになりました。

　地震の発生域も拡大していきましたが、その時微小地震の発生パターンが前兆的な活動をすることがわかってきました。大きな地震が新たにそれまでは起きていなかった別の地域で起こる数カ月前から微小地震が起こり始めていました。ある地域での顕著な地震活動の数カ月前から、その地域で微小地震が発生するとなると、一種の長期予知につながります。

　微小地震の存在は1.11節で述べたように1948年の福井地震の余震観測をしていた東京大学地震学教室の浅田、鈴木の2人によって発見されました。それまでは地震計の能力も低く、微小地震を観測できませんでしたが、小さな地震そのものが存在するとは考えられなかったのです。以来、微小地震の観測は注目され始めましたが、本格的に行われるようになったのは1960年代に入ってでした。地震研究所ではようやく微小地震の観測とそのデータ処理の能力を身に着け始めた時でした。

　現地で観測した地震記象は現地で読み取りをして、そのデータを当時はまだ国鉄だったJR信越線の夜行列車の車掌に託し、東京へと運び上野駅で受け取り、それを日本橋にあった電子計算機の会社に持参し、そこで震源決定をするシステムが採用されたのです。日本では初めてこのような臨時観測のデータ処理を最新の電子計算機で処理していたのです。現在は卓上に置いたパソコンでも処理可能な仕事内容ですが、半世紀前は科学技術の最前線がその程度でした。

　また現地で臨時に設置された水管傾斜計のデータも、微小地震発生地域との関係が明らかになり、それまではまだ手探りだったこの2つの観測が、地震活動が活発な地域ばかりでなく、北信地域の地震活動の今後の予測に大きな役割を演じ

ることが評価されました。地震研究所では2年以上続いたこの地震活動を、次の
ように区切って評価しています。

第1期　1965年8月～1966年2月
　　　　震源は長野県松代町（当時）の皆神山を中心とする半径5kmの範囲
　　　　以内に集中。この期間の最大地震はM 5.0（11月2日）。
第2期　1966年3月～1966年7月
　　　　震源域が北東―南西方向に拡大し、地震活動・地殻変動とも最も盛ん。
　　　　湧水・地割れ等の地表面現象を伴い始める。
第3期　1966年8月～1966年12月
　　　　震源域はさらに拡大するが皆神山周辺の活動は衰退に向かう。大量の
　　　　湧水のため9月17日松代町牧内地区に大規模な地滑り発生。
第4期　1967年1月～1967年5月
　　　　震源域は北東―南西方向34km、北西―南東方向13kmの楕円状に
　　　　拡大し、おもな地震活動は周縁部に移る。
第5期　1967年6月～
　　　　活動の衰退著しい。

　1966年中ごろになると、松代町には多くの大学の研究者たちが訪れ、それぞ
れの調査、研究を継続していました。彼らに対しても地元メディアはいろいろ質
問し、質問されれば答えます。その中には地元気象台の発表とは異なる内容が出
てきます。研究者同士が話し合えばすぐ解決する問題でも、メディアを通して情
報を得る地元の住民の人たちは混乱します。政府から何か必要な品物がないかと
問われた当時の町長が「学問が欲しい」と答えた話は、その後、心ある研究者の
間では語り継がれました。研究者のメディア対応が問われた問題で、半世紀以上
が過ぎた今日でも、同じようなことが起きていますが、当事者が問題の重要性を
認識しない限り解決しそうにもありません。
　そこで気象庁に「北信地域地殻活動連絡会」を設置し、気象庁、国土地理院、
大学などの関係者が集まり、互いの情報を交換し、地震活動のその後の見通しに
ついて統一見解を出すことになり、その公表は長野地方気象台が行いました。研
究者たちのメディア対応の良い例が構築されました。この会の経験はその後の

「地震予知連絡会」へと継承されました。

　松代群発地震の発生で、地震研究所の微小地震観測所の設立計画に多少の変更が生じました。1964年の「新潟地震」（M 7.5）の震源地付近を候補地と考えていたのを柏崎へ、また長野県の西部、フォッサマグナの西縁を考えていたのを長野市内へと建設地が変更されました。

　昭和41（1966）年に弥彦地殻変動観測所と堂平微小地震観測所、昭和42（1967）年に北信微小地震・地殻変動観測所、昭和43（1968）年に柏崎微小地震観測所、昭和44（1969）年にはフォッサマグナ西縁南部の富士川地殻変動観測所、さらに昭和45（1970）年に八ヶ岳地磁気観測所がそれぞれ新設されました。

　このような状況で、各大学の第1次地震予知研究計画の5年間は新しい研究と観測体制の構築から始め、データ収集、データ処理など、それぞれの体制が築かれました。

6.4　地震予知連絡会

　松代群発地震が終息した翌1968（昭和43）年4月1日に「1968年日向灘地震」（M 7.5）が発生し、四国西岸域で被害が発生しました。同年5月16日には「十勝沖地震」（M 7.9）が発生、青森を中心に北海道南部から東北地方に被害が集中しました。これらの被害を受けた結果日本の地震予知研究計画をさらに前進させ、実用化への道を開くべしという意見が政府内にも出て、その研究推進の体制造りのために、1969年4月に「地震予知連絡会」が発足し、その本部は国土地理院に置かれることになりました。

　会の目的は予知計画を分担しているいろいろな機関が、常に情報を交換し、発生する多種多様な地震現象に対し総合的に判断することです。松代群発地震で「北信地域地殻活動情報連絡会」がうまく機能したことに、ヒントを得たようです。

　地震予知計画に参加している機関からは、会に委員が参加しています。そして必要に応じてそれぞれの機関から、観測結果や調査結果が報告され、日本列島全体の地震活動に目を配り始めたのです。

　たとえば1970年2月20日に開かれた第6回地震予知連絡会にはオブザーバーとして北信微小地震・地殻変動観測所に勤務していた大竹政和（1939–）が出席し、松代群発地震終息後の松代周辺地域の微小地震活動について報告しています。こ

の報告により、地震研究所以外の機関も松代群発地震以後のその地域の微小地震活動を理解できたのです。また、この時の会議では、過去の地震活動や活断層などの存在から大地震が発生しそうな場所を指定し観測を強化することも決まり、その地域が示されました。

　同じような例で1970年4月5日の第7回地震予知連絡会が開催され、オブザーバーに地震研究所の地震移動観測班として私が出席しました。この年の2月28日に広島県三次盆地北部付近で小規模な群発地震が発生し「広島県北東部の地震」とされ、注目されました。この地域には地震研究所の白木微小地震観測所がその発足後、衛星観測点を設け、観測を継続していました。また衛星観測点だけでは不十分と私たち地震観測移動班も出かけて行き、白木微小地震観測所の観測網を補強する形で臨時観測を展開しました。その範囲は広島県ばかりでなく北側の島根県にも及びました。白木微小地震観測所発足後のデータ、移動班の観測結果などを示し、この地域の地震活動を説明しました。これにより、出席者は広島県北部での地震活動像を得られたのです。

　地震予知連絡会はこのような形で進められ、地震予知計画も第2次、第3次と進み、日本列島の地震に関しての諸観測は充実していきました。

　1976年8月23日の第34回地震予知連絡会では、東海地方の地震活動の中で駿河湾付近は歪みの限界が近づいていると、東海地震の発生を示唆するような発表がありました。しかし、出席者の間からは特別に意見は出なかったのでしょう。一つの考え方と受け止められ、大地震の発生が迫っていると考えた人はいなかったようです。しかし、この問題は間もなく日本中の話題に発展しますというよりは、提唱者が発展させたというのが実状のようです。

　1976年11月29日の第35回地震予知連絡会では、会議後の記者会見では「東海地震について」というメモが配られました。そこには「(前略) 現在までの観測結果によれば、発生時期を推測できる前兆現象と思われるものは見出されていない。(中略) 駿河湾周辺を含む東海地方の観測をさらに強化し、監視を続けていく必要がある」と記されています。

6.5　大規模地震対策特別措置法

　第34回地震予知連絡会で東海地震に関して自説を述べた発表者は、地震学会の大会でも発表すべく、申し込みました。地震学会は開かれた学会で、会員は大

会で自分の研究について自由に発表できます。ただし、その時、少なくともB5
判1頁ぐらいの講演要旨を提出しなければなりません。この講演要旨をもとに大
会プログラムがつくられ、講演要旨集がつくられます。したがってメディアの人
もその講演要旨集を入手することによって、どこの大学の誰が、どんな発表をす
るかを知ることができます。興味をもった発表は当日聞くこともでき、事前に取
材して内容を知ることもできます。

　私も大会前に「先生のこの講演は、○○でよいですか」などと問い合わせがき
たことがあります。講演要旨を購入さえすれば、大会でどんな発表がなされるか
がわかります。そして、発表の場では、講演に対して質疑ができますから、そこ
で、その発表の評価が始まるのです。発表に対する質疑討論とはいっても、実際
には十分な時間がとれないので、すべての研究発表が正しく評価をされるとは限
りませんが、公にはなるのです。

　1970年前後、地震予知が一種の社会でのブームになり、多くの一般の人（「町
の科学者」と呼ぶ）の中には、自説を話すとき「地震学会で発表した」とあたか
も学会で認められたかのような話し方をする人がいました。発表は自由にできま
すので、発表したからといって、その説を学会関係者だれもが認めたことにはな
りません。むしろ町の科学者の発表の多くは、たとえば潮汐の変動と相関が出る
現象というようなわかり切ったことや、誰もがほとんど理解しにくい話がほとん
どでした。当時私は地震学会の庶務幹事をしていて、大会のプログラム編成では
町の科学者への対応に苦労しました。私が最も心配したのは、私たち専門家が無
知だったため、萌芽的な良い研究を見逃してはいけないという点でした。しか
し、世の中の地震予知ブームはしばらくすると落ち着き、学会発表でも町の科学
者の発表はほとんどなくなりました。

　東海地震説発表者は自分の発表の講演要旨のコピーを、学会への講演申し込み
と同時にメディアにも送ったと彼の近くにいた先輩から聞かされ、あぜんとしま
した。それによって世の中に急速に東海地震説が広がり注目を集めるようになっ
たのです。しかし、発表から半世紀近くが経過しても、東海地震は発生していま
せん。東海地震発生説が出た後も、それ以前にも増して、東海地方の観測は強化
されていきました。気象庁は海底地震計を設置して観測を続けるなど、各研究機
関はそれぞれの分担の観測に力を注いでいました。

　そこで「地震予知連絡会」の中に「東海地震判定会」が置かれました。メンバー

には東京在住の専門家が選ばれ、もし気象庁を始めとする各機関の観測に異常が認められたらすぐ気象庁に駆け付け、大地震発生の可能性について判断するということになりました。観測データに異常が現れて、すぐ対応できるのは気象業務を現業としている気象庁だけなので、判定会は気象庁長官の諮問機関と位置付けられました。そしてついに、東海地震判定会で「地震発生の可能性が判定された」ら、気象庁長官から総理大臣に報告して、「地震警戒宣言」が発せられる「大規模地震対策特別措置法（大震法）」が昭和 53（1978）年 12 月 24 日から施行されました。宣言が出されると政府は大地震発生に対し、新幹線を止めるとか、高速道路の通行を規制するなど可能な限りの対策を講じることになります。世界に例をみない法律で、地震発生への備えをすることになったのです。

6.6　さらなる発展

　日本の地震予知計画は、1965 年の発足以来、順調に発展を続けてきたと評価できるでしょう。そのため地震予知が可能との予測の上に、法律までできたのです。各大学では地震関係の定員も増え、各観測所も活動を続けていました。その間に観測技術は向上、進歩し、次々に新しい器械が観測や調査現場に登場しています。その様子は第 4 次地震予知計画からも伝わってきます。昭和 53（1988）年度からの 5 年間の計画は以下のようです。

1. 長期的予知に有効な観測研究の拡充強化
   この中の地震観測では、気象庁の大・中・小地震、大学の微小地震に加え、海底地震観測が加わりました。その方法としてはケーブル方式の海底地震計による連続観測と臨時観測的に使う浮上式海底地震計による観測が登場しました。
2. 短期的予知に有効な観測研究の集中的実施
3. 地震発生機構の解明のための研究の推進
4. 地震予知体制の整備
   この項目の中ではデータの収集、処理体制の整備、常時観測体制の充実などが挙げられています。

　計画の大筋は第 1 次と変わりませんが、第 4 次では、それぞれの観測項目がよ

り細かくなり、その内容も緻密になっています。これは研究の成果の表れです。

　微小地震観測で大きな変化が出てきたのは、データの送信方法です。初期の段階では、各微小地震観測所がそれぞれの観測所を中心に観測点を設置しても、その記録は現地で取得していました。ですから、衛星点とか観測点などと呼ばれた観測網を構築する場合には、地震計を設置した地点で毎日、記録紙の交換をする人を探さねばなりませんでした。多くの観測点が人的ノイズの少ない場所を選びますから、観測点での記録紙交換や地震計周囲の維持管理を頼める人の数も限定的となり、苦労が伴いました。

　しかし、第4次になると世の中の通信技術が進歩し、通称テレメータ観測が主流になりました。地震研究所の堂平微小地震観測所では、設置直後からテレメータシステムでのデータ送信が行われていましたが、これは都心に近いためテレメータ設置の条件に恵まれた例外でした。地震計からの信号は無線で、あるいは電話線を使用したシステムで微小地震観測所まで送信され、そこで集中的に読み取りができるようになりました。これは現場にとっては大変な進歩でした。

　名古屋大学では学科付属の施設として1965年に第1次地震予知計画の開始とともに、犬山地震観測所、翌年には犬山地殻変動観測所が愛知県犬山市に新設されました。もちろん庁舎は一つです。さらに1967年には、微小地震移動観測班が犬山地震観測所に併設されました。観測所のスタッフによって必要に応じての移動観測ができる体制が整いました。

　1967年には岐阜県清見村（当時）の高山地震観測所が、1971年には豊橋市に三河地殻変動観測所が設置されました。さらに1975年、大学内に地震予知観測地域センターが設置され、1977年に測地移動観測班が同センターに併設されました。1989年、高山地震観測所以外の観測施設が統合され、地震火山観測地域センターに改組されました。各観測所の観測データはテレメータでセンターに送られ、すべて処理できるようになったのです。これにより各観測所に勤務していた職員は全員センター勤務になり、必要に応じて各観測所に行き、観測機器や施設を維持管理するという体制になりました。1999年に地震火山観測地域センターは地震火山観測研究センターに改組され、高山地震観測所も統合されました。名古屋市の大学構内の研究センターで全教官が研究生活を送れるという見地からは、好ましい改組といえるでしょう。

　東北大学の観測所は1912年に設置された理科大学付属観象所がそのルーツで

す。いくつかの変遷を経て同観測所は1952年に理学部付属地震観測所となりました。1965年、地震予知研究計画に伴い秋田地殻変動観測所が、1966年には本庄地震観測所と微小地震移動観測班が設けられました。1967年に地震観測所が青葉山に移転し青葉山地震観測所と改称されました。また三陸地殻変動観測所が設置され、1969年には北上地震観測所が設けられました。1974年、理学部付属地震予知観測センターが設置され、各観測所からテレメータでデータが送信されてデータ処理が行われるようになりました。

1977年には地震予知総合移動観測班とともに、次章で述べる火山活動移動観測班が組織されました。1987年には地震予知観測センターと青葉山地震観測所が統合して、地震予知・噴火予知観測センターが発足しました。1989年には秋田地殻変動観測所と本庄地震観測所が統合して日本海地域地震火山観測所に改組され、火山噴火も観測研究の視野に入るようになりました。同じように1991年には北上地震観測所と三陸地殻変動観測所が統合し、三陸地域地震火山観測所になりました。このように東北大学では、比較的早い段階からテレメータによるデータ送信を実施し、各観測所からのデータを大学のセンターに集め、一括して処理をするようにしていました。

6.7　大きな挫折

大震法の施行により地震予知研究計画はますます拍車がかかったようですが、突然、挫折を迎えました。1995（平成7）年1月17日「兵庫県南部地震」（阪神・淡路大震災、M7.3）が発生しました。近代都市が初めて直下型地震に襲われ、最大震度7を記録したのです。高層ビルの途中階がグサグサに破壊され、地下鉄が壊れ、新幹線や在来線の高架線が破壊され、高速道路も倒壊しました。死者は6434人、戦後の地震としては最大で、大正関東地震以来の多さでした。

世論はこの地震がなぜ予知できなかったかと地震研究者たちを責めました。メディアに出た地震研究者たちは、司会者から「なぜ予知ができなかったのか」と問われても、まともには答えられませんでした。

当時の私は地震予知とは無関係でしたから、外野席から地震研究者たちの苦悩を見ていました。理屈をいえば、予知計画で何とか予知したいとしている地震のマグニチュードは内陸ではM7.5より大きな地震ですので、M7.3では、まだ前兆現象が十分にとらえられる大きさではない可能性もあるのです。また神戸は

予知計画の特定地域として、注意しなければならない地域の西端にかろうじて入りますが、観測強化地域ではなかったため、観測網が密な地域でもありませんでした。私からみれば予知できなくて当然の地域です。しかし、現実に起きている被害を見ればそんな理屈や言い訳は通らず、地震研究者は辛い思いをしていました。おそらく大正関東地震の時と同じではなかったかと想像していました。

　京都大学の阿武山地震観測所は1966年に神戸ほか3点に観測室を設け、翌1967年に微小地震移動観測班を設置しました。この観測班は1970年には総合移動観測班に改組され、地震のほか測地や地磁気などの観測もするようになりました。

　1972年には阿武山観測室が設けられ、掘削が行われていた横穴の完成により地殻変動連続観測が開始されました。また1973年、理学部付属地震予知観測地域センターが設置されました。1976年からは各観測室からの微小地震テレメータ観測が始まりました。

　防災研究所では1965年に地震予知計測研究部門と上宝地殻変動観測所が新設されました。1967年に屯鶴峯地殻変動観測所、1970年に北陸微小地震観測所が設置され、1973年には微小地震研究部門、1974年に宮崎地殻変動観測所が設置されました。

　1990年、阿武山地震観測所は防災研究所と統合して付属の地震予知研究センター「阿武山観測所」となりました。この統合により地震予知研究センターが発足し、それまでの各観測所、地震予知計測部門、微小地震計側部門は廃止されました。

　1996年、防災研究所組織内の大幅な改組があり、地震予知研究センターは防災研究所付属施設となりました。

　京都大学防災研究所を中心に、関西でも地震予知研究計画は進行していましたが、第7次の観測計画最終年の最後になって「阪神・淡路大震災」が発生しました。

　政府内にもいろいろな地震対応の組織が作られましたが、大学の地震予知の観測研究は粛々と進んでいました。関西の一部研究者の中には「西日本は地震の活動期に入った」と主張し、「大地震が切迫している」と、研究者ばかりでなく、防災の専門家と称する人までが口にするようになっていました。

　そんな空気の中で2011年3月11日に発生したのが「東北地方太平洋沖地震」(東日本大震災、M 9.0) でした。日本付近で発生した初めてのM9クラスの地震で

す。死者・行方不明者が2万人を超えました。地震発生直後から、押し寄せる津波の映像が日本国中でテレビ画面を通じて映し出されましたが、誰も何もできずただ眺めるだけでした。

翌日あたりからテレビには専門家が解説者として出演するようになりました。そして彼らが使った言葉は「想定外」でした。想定外は瞬く間に広がり、一種の流行語になりました。昨日まで「大地震が切迫している」といっていた人が、何の恥ずかしげもなく「想定外」を使う姿に、こんな地震学者もいるのかと私は嫌悪感を覚えました。しかも、そのような地震学者が政府のいろいろな委員会のメンバーとして発言しているのです。

「切迫している大地震」は現在の表現を使うと「南海トラフ沿いの大地震」を指していたはずです。東日本大震災は三陸沖の大地震で、それぞれがフィリピン海プレートの境界と太平洋プレートの境界で、発生しそうな場所と発生した場所が大きく異なります。三陸沖では明治時代からでも2回の津波を起こす大地震が起きていました。また三陸では1960年のチリ地震による津波でも被害を受けましたが、この地震は地球上で観測された史上最大の地震（M 9.5）で、マグニチュードが決められるようになってから初めてM 9を超えた地震でした。

環太平洋地震帯では過去60年間で5回のM 9クラスの地震が発生していたため、いずれは日本列島の沿岸域でもM 9クラスの地震は発生すると考えられていたのです。したがって、想定外ではありません。本気で「想定外」を口に出したとしたら、その人は地震研究者としては勉強不足な人です。

また発生確率99%で、30年以内に宮城県沖で大地震が起きるとの試算もありました。ですから3月9日に宮城県沖でM 7.3の地震が発生した時は、多くの地震学者が、予想された地震が発生したと考えたようですが、後追いながら、その地震は2日後に起こった超巨大地震の「前震」でした。

堂々と「想定外」を語る地震学者がいる反面、この地震を予測できなかった無能を反省する多くの地震研究者がいたのも事実です。長年地震観測や研究に携わりながら、何の予測も出来ず史上最大ともいわれる地震災害が起きてしまったからです。

東日本大震災が史上最悪の地震災害となったのは、原子力発電所からの放射能で、地元住民が多数避難しなければならない状態が起きたからです。発生から10年が過ぎても、故郷に帰れない人々が居る現実があります。

　各大学の研究者たちは、東日本大震災後も観測は継続され、研究も続けてきました。東日本大震災関連の研究発表は、数百編は出ているのではないでしょうか。おそらく博士論文も数多く書かれたでしょう。しかし、30 年以上観測を続けていたにもかかわらず阪神・淡路大震災を予測できず、さらに、40 年以上の観測でも何の前兆現象もつかめなかった東日本大震災、この現実から地震研究者たちの間には次第に、地震予知は困難という空気が充満してきました。

　地震予知研究計画を立案、推進してきた地震学者の多くが鬼籍に入り、若い世代には年寄りのツケを支払わされるのは嫌だという気持ちも芽生えていたようです。ただし、各大学の若い世代の研究者の多くは、地震予知研究計画で認められた人員枠で就職した人が少なからずいたと思います。年寄りのツケを払うのは嫌だといっても、その年寄りたちが苦労して獲得した人員枠で職を得て、その予算を使って研究を継続し、育てられてきたのも事実です。

　2017 年 8 月 26 日、日本のメディアはこぞって「実際に東海地震を予知することは難しいから、事前に“警戒宣言”を発することは不可能である。大地震は突然襲ってくるからそのつもりで対応するように」と一斉に報じました。大震法は施行以来、一度も警戒宣言を発することなく役割を終えました。

6.8　観測・研究は続く

　当面、地震予知は不可能との結論が出ても、自然現象である地震現象の解明のためにはもちろん、地震災害の軽減のためにも地震の研究は継続しなければなりませんし、そのためには基礎となるデータが必要で、地震観測の継続は不可欠でした。すでに、京都大学をはじめ各大学は、大学構内の観測センターにテレメータで地震観測のデータを集中させ、一括処理をするという体制に移行していました。

　北海道大学には地震予知計画の推進に従い、北海道大学理学部付属施設として1966 年に浦河地震観測所、1970 年にえりも地殻変動観測所、1972 年に札幌地震観測所、さらには 1976 年に大学構内に地震予知観測地域センターが設置されました。1979 年には海底地震観測施設が設けられ、海底での臨時観測が可能な体制ができました。1998 年 4 月、これらの観測所や施設、センターに加え、1977 年に設置された有珠火山観測所を統合し、さらに新分野も加えて、北海道大学大学院付属地震火山研究観測センターが発足しました。センターにはすべての観測

写真 10　長野市内の信越観測所．現在は無人．

点からの観測データが送られ、「災害の軽減に貢献するための地震火山研究計画」
を推進する拠点とされました。有珠火山観測所以外は無人となりましたが、教官
だけで 10 名、さらに技術職、事務職など総勢 20 名以上のスタッフが日夜、観測
データを見守っています。

　東京大学地震研究所でもその観測体制は徐々に変化していきました。地震予知
計画の初期の段階に設立された北信微小地震地殻変動観測所と柏崎微小地震観測
所は 1985 年に統合され、信越地震観測所となりました。新潟県南西部や長野県
北部の地震予知の特定観測地域を含む中部日本に地震観測網を展開し、日本海
東縁地域の地震活動の観測を継続し、研究に寄与していました。定員上は教官 2
名、技術職員 5 名の計 7 名で、地震研究所の観測所（支所と呼ぶことが多い）の
中では一番多い人数で維持されていましたが、観測所勤務を希望する教官がいな
くなりテレメータシステムの構築が進み、地震研究所本所と専用回線で結ばれた
ため、データが送られるようになりました。ほかの観測点のデータとともに関東
甲信越地震観測網として地震記象データは統合されています。

写真 11　広島観測所（写真 9 の場所から市内に移転，そして無人になった）．

　統合後もそれぞれの観測所の技術職員は、観測網の保守管理などに従事していましたが、観測所開所当時に採用された技術職員の定年に伴い、無人観測所となりました。観測網に不具合が発生した場合には、東京から職員が駆け付ける方式で観測網が維持されています。

　筑波山支所は 1994 年 6 月の地震研究所の改組に伴い、筑波地震観測所となりました。関東地域で最も活発な地震活動の地域に位置しており、観測所の地震や地殻変動の定常的な観測データはすべて地震研究所本所に送られ処理されています。昭和 16 年に雇用された職員と、32 年に雇用された職員で観測所は維持されていましたが、現地で雇用された 2 人の職員の定年により観測所は無人化されました。

　1964 年に正式に発足した和歌山微小地震観測所は、地震予知計画で観測網が充実してゆき、1978 年には新庁舎が完成し、全観測点がテレメータ化して、データが観測所に送られ処理されるシステムが導入されました。これにより南海地域における地震観測の中心としての機能が整えられました。1994 年 6 月、地

震研究所の改組に伴い和歌山地震観測所となり、すべてのデータは専用回線で東京都の本所に送られるようになりました。信越観測所と同じように、観測所が開設したころ採用された職員の定年退職により、無人化されました。

　1965 年に設置された白木微小地震観測所は、その後広島県ばかりでなく四国や九州にも観測点を設置し、観測網を拡大し、瀬戸内海西部地域の地震活動を監視していました。観測データのテレメータ化が進み、白木微小地震観測所もそれまでは、観測地点であり研究室でもあった郊外庁舎（写真 9）から、広島市内に新たに庁舎を建設し移転し、1994 年の地震研究所の改組により広島地震観測所となりました。信越や和歌山の観測所と同じように、職員の定年に伴い無人観測点となりました。

　1964 年に設置された堂平微小地震観測所は、局地、近地、遠地の大小の地震について、広帯域の地震波を観測できる総合地震観測所として発足しました。1965 年からの地震予知計画では観測網が充実され、関東地方の多くの地点に衛星観測点を設け、テレメータで地震研究所にデータを送信するシステムで運用されていました。観測所には人は常駐せず、必要に応じて維持管理のために地震研究所から観測所や観測点に行く方式でした。1994 年からは堂平地震観測所となり、信越観測所とともに関東甲信越地震観測網の一翼を担っています。

　地震研究所には地震予知研究計画に関連し、5 カ所の地殻変動観測所が設けられています。その中でも、1995 年に四国の室戸岬最南端に開設された室戸地殻変動観測所は、確実に発生すると考えられている南海トラフ沿いの南海道大地震に備えた観測施設です。データは直接地震研究所に送信されています。もちろん無人観測点として建設されました。ほかの 4 観測点は建設当初は、教官を含む 1 〜 2 名の職員が勤務していました。地震観測所と同じように、職員の定年退職に伴い、現在はすべて無人観測所となっています。

　地震研究所では 1994 年の改組で、観測を主体とする部門やセンター、観測所を統合し、地震地殻変動観測センターが発足しました。地震研究所設立当初の「地震及び火山噴火の現象の解明及び予知並びにこれらによる災害の防止及び軽減に関する研究」の達成を目的にしています。観測所からのすべてのデータがここに集積しています。このセンターには海域地震観測研究分野も含まれ、光海底ケーブルを利用した海底地震観測網、自己浮上式海底地震計を用いた海底地震観測も含まれます。太平洋プレートの沈み込み口である日本海溝付近を中心に観測

網が展開されています。

【図・写真の出典】

［写真 10］　羽田敏夫氏 撮影，提供.
［写真 11］　三浦禮子氏 撮影，提供.

第 7 章　観測は研究の礎

7.1 火山噴火予知計画

　火山噴火もその麓に暮らす人々にとっては、昔から苦しめられてきた自然現象の一つです。震災予防調査会は、火山噴火に対しても注意を払ってきました。1955 年、桜島の南岳山頂からの噴火活動が始まったのを契機として、気象庁では火山観測業務の整備計画が、1962 年からスタートしました。さらに地震予知計画に呼応した形で 1974 年から火山噴火予知計画が推進されました。また、日本で火山を研究している各大学や気象庁、そのほかの行政機関間で火山活動全体に対する観測状況や活動状況の情報を共有し、共通の認識をもってメディア対応にあたるために、火山噴火予知連絡会が設置されました。この事務局は気象庁に置かれ、火山防災の立場から気象庁長官の諮問機関の役割を有しています。

　気象庁では整備計画に加え、火山噴火予知計画で火山観測所の整備新設が進められました。当時は火山体周辺に地震計などの計器を設置して、常時観測を実施している火山は 17 座でした。その後、1979 年に、死火山と考えられていた御嶽山（3067 m）が突然噴火したことを契機に、それまでの各火山の活動が見直されました。そして、それまでは今後噴火する可能性のある火山としては 20 ～ 30 座とされていましたが、改めて定義がなされて現在は 111 座の活火山が日本列島内には存在するとされています。しかし、そのうちの 11 座は択捉島と国後島に位置し、現状はロシアにより実効支配されているため日本人は調査もできません。さらに 12 座は小笠原諸島の岩礁や海底火山ですので、噴火をしても住民が居ませんので、直接的な被害を受けることはありません。日本列島で噴火により被害が予想される火山は 88 座になります。

　88 座のうち、渡島大島、西之島、硫黄鳥島は無人島ですから、やはり噴火が起きても住民に被害が及ぶ心配はありません。2020 年から 2021 年、西之島は噴火活動が続き、溶岩の流出で島の面積が拡大していますが、日本国民にとっては領土拡大というニュースに興味がわく程度ではないでしょうか。ただし、火山噴火でも海に面した火山では噴出物が海に流れ出し津波が発生したことがあります。また、爆発の衝撃波による気圧の急激な変化で津波が発生した例はありますがきわめて稀です。

　海底火山の噴火も、近くを航行する船舶や、上空を飛ぶ航空機は注意が必要でも、一般国民には関係ない出来事だと思われていました。ところが 2021 年 10 月

に噴火した小笠原諸島南部の海底火山・福徳岡ノ場の噴火では、噴出した溶岩が大量の軽石となって琉球列島に押し寄せて海岸を埋め尽くしたため船舶の航行に支障をきたし、漁業にも影響が出ました。このようなことはこれまで経験がなく、改めて自然現象の奥深さを知らされた出来事でした。

　このような例外はあるにしても、85 座の今後噴火の可能性がある火山の中から、気象庁は火山噴火予知連絡会によって選定された50座を「火山防災のために監視・観測体制の充実等が必要な火山」と選定しました。その中にはすでに観測体制が整っている火山もありますが、御嶽山のように、新しく地震計を主とする観測計器が設置された火山もあります。

　実際、御嶽山では地震計が置かれた後の 1991 年、2007 年には小規模ながら水蒸気爆発が発生しました。この時、日常的にはほとんど起こらない火山体周辺の地震が、一日に数十回観測されることが複数回ありました。多い日では 80 回を超えたこともありました。2014 年 9 月 27 日正午前、山頂すぐ西側の火口から噴火が起こり、噴煙と火山灰さらに噴石が山頂付近を覆い、降り注ぎました。その日は、秋の観光シーズンの快晴の土曜日で多くの登山者がおり、死者・行方不明63 人という惨事になりました。

　この噴火の前にも最大の地震数 80 回を含め、一日 10 回を超える群発地震が数回発生していました。気象庁の発表には、地震活動が増えていることは報告されていましたが、噴火には言及されていませんでした。それが現在の気象庁の火山噴火に対する実力だと思います。一般的に、地震活動が活発になっても、噴火が発生しないケースのほうが圧倒的に多いのです。ですから、気象庁の担当者が噴火にまで注意が届かなかったとしても責められません。業務のマニュアル通りの対応だったのでしょう。ただ現実的には、地震の多発に続き小規模な噴火が1991 年、2007 年には発生していたのですから、注意すべきだったと思います。それが自然現象を相手にする場合の基本姿勢です。

　浅間山や阿蘇山、桜島のように観測の歴史が古く、多くの研究がなされている火山以外は「監視・観測体制が充実している火山」でも、噴火の前に確実に噴火の可能性の情報が発せられるとは限りません。火山防災の面からは注意が必要です。

7.2 大学の火山観測所

　火山噴火予知計画が始まる前に設置されていた大学の火山観測所は、東京大学地震観測所による浅間火山観測所と霧島火山観測所、京都大学理学部の阿蘇火山観測所、京都大学防災研究所の桜島火山観測所の4観測所でした。また、新たに北海道大学に有珠火山観測所、地震研究所に伊豆大島火山観測所、東京工業大学に草津白根火山観測所、九州大学に島原地震観測所が新設されました。東北大学理学部は東北地方のいくつかの火山に地震計を設置して、テレメータで大学にデータを送信しています。また各地区の火山活動を観測する目的で、火山活動移動観測班が設置されました。計画の開始で、既設の観測所の施設や観測機器が充実しました。私は観測システムの最大の充実は、観測点から観測所までデータの送信がテレメータ化されたことだと思います。山体に設置された器械（おもに地震計）から観測所まで、電線を使って送信していました。それが無線で観測所までデータを飛ばせるようになったのです。

　電線を使っていたころ、最大の課題は雷対策です。地震計を置いた地点や観測所には落雷がなくても、途中の電線が被雷し、電線が何十メートルも消滅することがあります。少なくても霧島火山観測所では、1年間に何回もありました。電線の消滅だけでなく、電線を伝わり観測所まで高圧の電気が流れることもありました。観測所の避雷装置でほとんどはブロックできますが、時には観測所も停電するようなこともあり、雷の季節はデータを正常に取ることは苦労の連続でした。もちろん、各観測点での送受信装置が被雷することもありましたが、避雷措置もあり、その割合は格段に少なくなりました。さらに現在では地震研究所の場合には、すべてのデータが東京まで、観測所から電話回線や専用回線で送られるようになりました。

　火山体内でのテレメータ通信が可能になったことで、浅間火山観測所では噴火口縁に定点カメラを設置して、噴火口内の様子をリアルタイムで観測所の庁舎内で見られるようになりました。ですから山頂で起こっている現象を見ながら、得られたデータを眺められるようになりました。火山現象の研究で、このように火口を直視できるようになったことは、格段の進歩です。地球の息吹を感じながら、その体内に聴診器を当てている感じです。

　1984年に第3次火山噴火予知研究計画によって伊豆大島火山観測所が新設さ

写真 12 1986 年の伊豆大島の溶岩噴泉.

れましたが、これは 1959 年に設置された地磁気観測所と 1960 年の津波観測所を
統合する形での発足でした。1986 年に伊豆大島は山頂火口からは溶岩が流出し、
カルデラ内外では溶岩の噴泉が地面の割れ目からカーテン状に噴出する噴火が起
こりました。史上初めて火山噴火が連日テレビ中継されました。観測所を中心に
全国の火山学者が協力して総合的な観測調査がなされ、噴火現象が解明されまし
た。現在はすべてのデータが地震研究所の火山噴火予知研究推進センターに送ら
れ、観測所は無人になりました。

　地震研究所は富士山、草津白根、三宅島にも常設の地震観測網や地殻変動、地
磁気などの観測網を設け、データは地震研究所のセンターに送られ、観測を継続
するとともに、火山活動を注視しています。

　草津白根山については東京工業大学が観測所を維持しています。第 3 次火山
噴火予知研究計画で草津白根火山観測所が発足しました。湯釜火口の水温、水
位、水質の連続観測から始まり、地球化学的な観測、測定を継続、地震、地磁
気、GPS 観測を継続しています。1992 年には全国地球化学移動観測班が設置さ
れ、異常が発見された火山での臨時観測、測定や調査ができる体制が整いまし

た。2000 年に火山流体研究センターに改組、さらに 2016 年には東京工業大学理学院火山流体センターに改称されました。

7.3 有珠火山観測所

　有珠山（733 m）は北海道南西部の洞爺カルデラの南側に噴出した山で、1910年、1943 〜 1945 年の 2 回の山麓での噴火で、明治新山、昭和新山と命名された2 つの新山が形成された火山です。1910 年の噴火では、震災予防調査会の大森房吉が現地調査をして、日本の火山噴火に初めて地球物理学的視野で科学のメスが入れられました。

　昭和新山生成の噴火では、第二次世界大戦末期で研究者たちの現地調査もままならず、異変を直感した現地の郵便局長の三松正夫（1888-1977）の独創的観察により、新山生成の全過程が記録され「ミマツダイヤグラム」と呼ばれています。荒廃した世相の中で貴重な科学的資料が残された噴火でした。

　1977 年 4 月、第 1 次噴火予知計画に基づき北海道大学理学部有珠火山観測所が発足して、有珠山は年間を通じて科学的な監視がなされる火山となりました。その直後の 1977 年 8 月 6 日早朝から、有珠山周辺で地震が起こり始め、翌 7 日の朝、山頂の火口原で噴火が発生しました。1 時間後には噴煙の高さは 12000 mに達し、火山灰は風に乗って東側へと拡散してゆきました。大小の爆発は 14 日まで断続的に続き、噴出物の総量は 8300 m³ と推定されています。たまたま 8 日午後から 9 日にかけて低気圧が通過し、降雨により堆積した火山灰がセメント状の泥滴となり、乾燥後は固化し、農作物や森林に多大な被害を与えました。

　この活動を第 1 期として、11 月 16 日から翌年 10 月 27 日にかけても、水蒸気爆発やマグマ水蒸気爆発が多発しました。火災サージも発生し、火口原にはおよそ 180 m の潜在ドームが出現し有珠新山と呼ばれています。潜在ドームは明治新山と同じように、マグマの上昇によって地盤はドーム状に隆起しましたが、上昇したマグマは地表面には現れず形成されたドームです。外輪山の北東地域は、地殻変動により家屋の破壊や道路の損壊などの被害が発生しました。この時の噴火活動は新設直後の火山観測所の諸計器で確実に記録されました。そしてその経験が 22 年後に発生した次の噴火で役立ったのです。

　2000 年 3 月 27 日、有珠山周辺では地震が頻発し始め、1 日で 100 回を超えました。28 日、29 日と地震の頻発は続きました。29 日には有感地震の数は 628 回

を数え、地元の自治体からは避難指示が出され、火山体周辺の住民およそ9500名全員の避難が完了しました。

避難指示地域から全住民の避難が完了した後の31日13時07分ごろ、西山の西麓から最初の噴火が始まりました。噴煙の高さは3000 mに達し、東北東へと流れました。噴出物には火山灰や軽石など、新しいマグマに起因する物質が大量に含まれており、マグマ水蒸気爆発と確認されました。4月1日、西山の噴火口周辺では次々と噴火が起こり、熱泥流も発生しました。高さ70 mの潜在ドームが出現し、地殻変動で家屋や道路に被害が続出しました。

おそらくこの時が、噴火が発生しそうな火山の地元住民に対して噴火前に避難指示が出され、全住民の避難が完了した世界で初めての例でしょう。有珠火山観測所の教官が、過去の例をよく調べ「火山性地震の頻発 ⇒ 噴火の発生」の経験則を踏まえて自治体へ適切な助言がなされた結果で、火山観測所設置の大きな成果ともいえるでしょう。

その後の北海道大学内の改組で、現在、有珠火山観測所は北海道大学大学院理学院付属地震火山研究観測センターに属しています。有珠山のホームドクター的な役割を果たしていた研究者の定年退官に伴い、この観測所も無人になりました。

7.4 東北大学と名古屋大学

東北大学では1977年に火山活動移動班を設置し、1979年以降、岩手山、秋田駒ケ岳、秋田焼山、鳥海山、蔵王山、吾妻山、安達太良山、磐梯山などに広域観測網を展開し、観測データは大学構内のセンターに送信されています。1998年の改組で現在は東北大学大学院理学研究科付属地震・火山噴火予知観測研究センターに属しています。

岩手山では1997年から2004年の間に、有珠山と同じような前兆的な火山活動がありました。東北大学の設置した地殻変動観測のデータにも、変化が現れました。関係者はかなり緊張したようですが、噴火には至りませんでした。これは、同じような現象が起きても火山によっては噴火しない例で、改めて火山噴火予知の難しさを思い知らされた現象でした。

名古屋大学では地震予知計画で設置された犬山地震観測所が拡張されて、1999年に地震火山観測研究センターになりました。当初はこのセンターは名古屋大学

理学部付属施設でしたが、2002 年 4 月環境学研究科付属施設になり、その後防災分野が加わり、地震火山・防災センターと改称されましたが、2012 年 1 月の改組で地震火山研究センターとなりました。

2014 年の御嶽山の噴火では、すでに指摘したように気象庁の発表した地震活動情報の中に噴火の可能性が含まれていたにもかかわらず、それを明確に地元自治体に伝えるシステムもなく、また、専門家もいませんでした。地元の自治体も相談する相手がいませんでした。

長野県や地元自治体はこの経験から、御嶽山の火山活動についての研究施設の設置を強く希望していました。名古屋大学はこの希望を受け入れる形で、長野県、木曽町、王滝村の協力を得て、木曽町役場三岳支所に御嶽山火山研究施設を開設しました。その場所は王滝村からの利便性が良く、御嶽山の山頂もよく見える場所でした。長野県の支援を得て、週末には名古屋大学のスタッフが勤務しています。施設は名古屋大学の研究者が御嶽山を研究する要の拠点であり、大学が地元の火山防災力を向上させるために貢献できる場所でもあります。その役割は以下のように考えられています。

1. 御嶽山火山活動評価力の向上
2. 地域主体の防災力向上に対する支援
3. 火山防災人材育成支援と火山に関する知見の向上

施設内には地震観測データの受信・保存サーバや火山活動表示システムがあり、訪れた人はリアルタイムで御嶽山の火山活動の姿を理解できるようになっています。

7.5　島原地震火山観測所

九州では阿蘇山、霧島山、桜島の火山が活発に活動しており、京都大学理学部、東京大学地震研究所、京都大学防災研究所がそれぞれ火山観測所を建設して、観測研究をしています。

九州大学としても関係講座の充実とともに、火山を対象とした研究施設の設置を望んでいました。1962 年、長崎市と島原市の支援で島原温泉火山研究所が発足し、雲仙岳西側の眉山の麓で地震観測を開始しました。1968 年島原半島周辺

で群発地震が発生し、観測所の役割が認識され、1971 年に九州大学理学部付属島原火山観測所に発展し、周辺に観測点も増設しました。この火山観測所を拡充する形で、1984 年、火山噴火予知計画で九州大学理学部付属島原地震火山観測所が設置されました。それから数年間は島原半島を中心に広域の地震観測網構築のための地震観測点設置と、観測所の諸計器の充実、データ処理装置の導入がなされ、観測体制は充実していきました。

1989 年 11 月 21 〜 24 日、雲仙岳西側の橘湾で群発地震が発生しました。1990年 7 月 4 日から火山性微動が連続的に現れ始め、その後も何回か群発地震が発生しました。10 月 23 日には最大地震 M 2.2 を含む群発地震が起こったのです。

1990 年 11 月 27 日 03 時 22 分より連続的に微動が発生して、未明に主峰の普賢岳（1483 m）山頂東側の地獄跡火口から噴火が始まりました。1792（寛政 4）年の眉山崩壊の噴火から 198 年ぶりの噴火です。周辺には灰が降り噴煙は 400 mの高さに達しました。その後、小康状態を保ちましたが、群発地震はときどき発生していました。

1991 年 2 月 12 日、屏風岩火口からの噴火が始まり、5 月までに 2 つの火口から小規模な噴火を繰り返していましたが、山頂では地震活動が活発になってきました。5 月 20 日、地獄跡火口からマグマが現れ、溶岩ドームが形成され、次第に成長していきました。5 月 21 日にはその溶岩ドームの一部が崩壊して火砕流が発生しました。その後溶岩ドームの成長とともに火砕流はたびたび発生するようになり、5 月 26 日には関係する地元住民に避難勧告が出されました。そして 6月 3 日、火砕流により死者・行方不明 43 人、179 棟の建物が被害を受けるという、火山災害が発生しました。火砕流の被害はその後も続き、9 月ごろまでに 400 棟以上の建物が被害を受け、最大時には避難対象人口は 11000 人に及びました。

年が明けても溶岩ドームの成長は続き、それに呼応するかのようにドームが崩壊して火砕流が発生することが繰り返されました。1992 年 8 月 8 日にも火砕流が発生し、17 棟の建物が被害を受けています。1992 年末の時点での避難対象者は 2000 名でした。

1993 年から 1994 年にも溶岩ドームの成長、崩壊、火砕流の発生のパターンが繰り返されていました。地殻変動の影響もあり、それまでは東側ばかりに発生していた火砕流が北々西方向にも流れ出しました。1995 年に入り溶岩ドームの成長がようやく止まり、2 月 11 日を最後に火砕流の発生もなく、ドーム下の群発

地震も終息しました。1991 ～ 1995 年の火山活動で噴出した噴出物の総量は、溶岩に換算しておよそ 2 億 m³ で、地震計に記録された火砕流は 900 回に達しました。

　火山噴火予知計画で新設された有珠火山観測所、伊豆大島火山観測所、島原地震火山観測所のいずれも設置後数年以内に大噴火に見舞われましたが、何か自然の神様、火山の神様のいたずらのような気もします。とにかく、いずれの観測所も、それぞれの火山噴火に対する貴重なデータを得たことは確かです。有珠火山観測所の場合には、20 数年後の噴火でその経験が役立ち、人的被害は回避できたのです。

　島原地震火山観測所は 1999 年には九州大学大学院理学研究科付属島原地震火山観測所と改称され、さらに 2000 年には九州大学大学院理学研究院付属地震火山観測研究センターと改組されました。そして 2004 年には国立大学法人・九州大学大学院理学研究院付属地震火山観測研究センターになりました。大学の法人化に伴う名称変更です。

　現在センターには教授、准教授など研究者が 6 ～ 7 名は常駐しており、多くの観測点の維持管理を含む観測と研究が行われています。スタッフの数と観測点の数を考えると、観測網の維持にはかなりの労力がいることでしょう。そんな条件の中で 10 名以上の大学院生や数名の学部学生がセンターで研究に励んでいることは、喜ばしいことです。

7.6　京都大学の観測所

　京都大学の 2 つの火山観測所も、それぞれセンター化しました。京都大学理学部には 1925 年 10 月、大分県と別府町（当時）の援助により設立が可能になった理学部地球物理学教室付属地球物理研究所が別府町に開所されました。また同研究所の設立に協力した二人の外国人研究者の勧めで、1928 年に阿蘇火山観測所が設立されました。

　その後、この 2 つの施設は組織の若干の変更はありましたが、80 年の長きにわたり阿蘇火山を中心に、大分県の火山や温泉など、地球物理、地球熱学などの研究で成果を上げてきました。そして 1997 年、2 つの施設は統合して京都大学理学部付属地球熱学研究施設となり、本部を別府市に、火山研究センターを熊本県阿蘇市に置くことになりました。そして 1998 年には大学の組織改組に伴い京

都大学大学院理学研究科付属地球熱学研究施設となりました。阿蘇火山観測所は京都大学地球熱学研究施設火山研究センターと改称されました。

　教授、准教授、助教の教官数名を含み技術スタッフなど約10名で火山研究センターは運営されています。地震観測室や衛星点と呼ばれる観測点はおよそ20点、信号はテレメータでセンターに送られますが、日常の観測点の維持管理業務はかなり大変だろうと推察されます。大学の観測所としては最も古い歴史があり、阿蘇山の火山活動の解明が続けられています。

　桜島火山観測所は1996年火山活動研究センターに改組され、その後、大学の法人化に伴い、正式名称は国立学校法人・京都大学防災研究所付属火山活動研究センター桜島火山観測所と改称されました。教授、准教授、助教ら教官数名を含め10名以上の研究者が常駐し、技術者や事務職の職員など20名を超すスタッフでセンターが維持されています。桜島のほか、薩南諸島の薩摩硫黄島、口永良部島、諏訪之瀬島なども火山観測研究フィールドとして、観測調査研究の領域になっています。

　大学の火山観測所の特徴は、地震研究所の観測所が東京都のセンターに人員もデータも集積し、そこですべてを処理して観測所や観測点の維持管理をしているのに対し、北海道大学、京都大学、九州大学の4観測所もセンター化はしていますが、観測所そのものがセンターの中心的役割を担っています。観測所には教官を含む研究者が数名以上勤務していますので、どの観測所もデータとスタッフがそれなりにそろっています。研究者間での学問的なディスカッションも十分なされているでしょう。

　地震研究所の火山観測所は教官、研究者は常駐にいても1～2名、技術職員も1～2名で、実際は研究どころか観測所維持にすべての労力が注がれ、研究ができる環境でもありませんでした。地震研究所の地震観測所も同じような環境で、火山観測所ともども無人化されたのは仕方ないことかもしれません。地震研究所の場合、そもそも計画の段階から観測所の定員は教官1名を含む2～3名で、京都大学や九州大学の発想とは大きく異なっていました。地震研究所の基本的発想が観測所はデータを取る場所であり、研究する場所ではないと割り切って計画されたのかもしれません。

　しかし私は、地球物理学分野の研究では地球、地域、火山体の姿、それぞれの息吹を感じることが重要だと考えています。医者が聴診器などで患者に触れる

ことなく、送られてくる X 線、CT、MRI などの画像データ、心電図や脳波の波
形、血圧や体温などのデータだけで病名を判断し、治療方針を決めることは困難
だと推測されます。火山活動に対しても同様で、火山の様子を見ずして火山噴火
を予測することは不可能でしょう。

　私は火山研究を目指す研究者、とくに若い研究者は、少なくとも数年間は観測
所に勤務し、毎日火山体を見ることが大切と考えています。観測される地震活動
や地殻変動のデータを眺め、火山体内がどんな状態になっているか想像する力を
養い、地球の息吹を感じる感性や勘を身に着けるのです。その感性や勘が研究
上、きわめて重要なのです。その力が欠けてしまうことにより、火山研究者とし
て視野が狭く、発想が貧弱になることを心配します。

　2011 年 1 月 26 日の霧島山系・新燃岳の噴火は、数日前から地震活動が活発化
しているとテレビで報じられ注意していました。その後のニュースから、私が観
測所に勤務していたら必ず噴火するからと事前に注意を促す発表をしていたのに
と、切歯扼腕していました。私ばかりでなく観測所に勤務していた技官職の人で
も、それは気が付いたと思います。しかし無人観測所になり、霧島火山観測所や
地震研究所からは噴火の情報は発せられず、地震研究所は観測所を設立した意義
を世の中に知らせる絶好の機会を利用できませんでした。観測所の黎明期、観測
網の充実に多少とも貢献をしてきた者として大変残念でした。

【図・写真の出典】

[写真 12]　小山悦郎氏 提供.

第 8 章　地震学と火山学を
支える観測

8.1　地震や火山観測

　日本で地震観測が始まったのは 1880 年ごろからですから、2021 年で 140 年以上が経過しました。現在の日本の地震観測網は、気象庁による観測網と各大学とそのほかの研究機関による観測網とが維持され、日夜観測が続けられています。日本列島の地震計の設置密度は、おそらく世界一でしょう。その観測に携わっている人数は数え方にもよりますが、日本列島全体で少なくとも毎日 100 人、1 日 3 交代とすればその数は 300 人、1 年の延べ人数は 10 万人を超えます。M 6 クラスの地震は少なくとも 1 年に 1 回以上の割合で起きていますので、10 万人以上の努力が結集して、ようやく震源情報が得られるのです。さらに発生回数の少ない M 7 以上の地震となれば、一つひとつの地震の単価は非常に高価になるといえます。

　大学の微小地震観測網では、1 日数回から 10 回の微小地震は観測されますから、非常に安い費用で観測されていることになります。理解して欲しいことは、いつ発生するかもわからない 1 回の地震のために、非常に多くの人が昼夜を問わず働いているということです。

　観測の継続によって、地震現象は一歩一歩解明されてきました。地震予知研究計画発足以来、日本の地震観測網は一層充実し、日本列島内ではどの地域でも微小地震活動まで解明されてきました。1960 年代に微小地震が注目されたのは、微小地震の発生が大地震の前兆現象として予知に役立つ可能性があったからです。現在ではその可能性は否定、あるいはきわめて低いとされてはいますが、微小地震の発生は、日本列島内の地震活動の指標になりうるとは考えられています。

　大学から発表される日常発生している地震の震央分布図は、大小さまざまな大きさの地震が含まれ、その数の多さに驚かされます。震源決定がなされ、いろいろな情報を研究者は読み取っていきます。このように地震観測は、研究には欠かすことのできない情報を提供してくれています。人によっては軽視しがちな観測ですが、実は地震学を支える「縁の下」の力です。研究者たちは観測データから新しい疑問を読み取り、地震データを使って解いています。その積み重ねで地震学が進歩を続けているのです。

　地震データを含む地殻変動などのデータの重要性は、火山でも同じです。浅間

山に初めて地震計が設置されてから 2021 年で 110 年が過ぎました。浅間山に続き阿蘇山、桜島、霧島山に大学が観測所を設置して、観測を続けていました。これら活動的な火山には気象庁も地震計を設置していました。気象庁は防災目的で、火山活動の推移を把握するために、大学は火山現象の科学的解明のために地震観測を始め地球物理学の諸観測を実施しています。

　大学の火山観測所では地震計のほか傾斜計や重力計、地磁気の観測など、それぞれの火山の性格や噴火のメカニズムを解明するために必要ならば、新しい測定器も設置して観測を続けていました。その結果、桜島では火口から垂直に下に延びる火道（マグマの通り道）に沿って地震が集中して起こっていること、しかも火道の底、地下 10 キロ、20 キロという深いところで地震が起こり出し、だんだんと浅いところでも地震が発生した後噴火が起こったというような見事な成果が得られました。

　このような現象は、やはり地震観測網の充実しているハワイのキラウエア火山でも認められていましたが、桜島でも同じような現象が観測されたのです。ただ必ずそのようなプロセスで地震や火山噴火が起こるわけではない点に、火山噴火現象解明の難しさがあります。気象庁は現業官庁ですからこのような研究はなされていません。

　火山噴火予知計画により気象庁、大学とも観測網が充実していきました。現在活動を繰り返している阿蘇山や桜島の観測所は、噴火のメカニズムの解明に寄与するデータが日々少しずつ得られています。逆に雲仙岳、伊豆大島、有珠山などは、しばらくは噴火の兆候はないと推定されていますので、単調な観測を継続し、常に次の噴火に備えています。過去の例から考えれば、雲仙岳の噴火は 100 年以上先の話です。現在、毎日の観測に携わっている人々が現役として働いている期間に次の噴火が起こる割合はほとんどないといえます。しかし、たとえ自分の在職中さらには存命中に噴火が起こらなくても、自然現象である火山噴火現象の解明には「起こらない」という情報も重要なのです。観測の継続が大切です。

　火山活動の解明のために、火山体に地震計、傾斜計、重力計などを設置しての連続観測もまた、火山学の「縁の下」を支えているのです。地震活動や火山活動のような地球物理学的な諸現象の解明には、このような観測の積み重ねたデータがあって、初めてその本当の姿がわかってくるのです。時間もかかるし多くの人の力が必要なのです。地球物理学では観測は学問を支える「縁の下」の役割を担っ

ています。

　縁の下の支えでは、1 万の支え、10 万の支えで、ようやく一つの科学的成果が得られるというような、効率の悪い作業なのです。しかし、自然現象の解明はほとんどが、そのように無駄にみえることの積み重ねで、成果が得られるのです。

　縁の下の支えの必要性を理解し、その効率の悪さもぜひ理解して欲しいです。しかし、その結果得られる果実は人間にとって、とてつもなく大きく感ずる地球の姿を見事に明かしてくれるのです。

8.2　地震予知が不可能と言われる理由

　地震予知研究計画では、多額の国家予算が投入され、既設の観測所では設備が充実し、大学では多くの観測所が新設されました。地震予知計画が発足して 30 年目に発生したのが阪神・淡路大震災、45 年目に発生したのが東日本大震災でした。

　日本では初めての M 9 の超巨大地震の発生、押し寄せた津波は高さ 10 m の防潮堤をいとも簡単に乗り越え市街地へと流れ込みました。山の斜面にしがみつき、津波から身を守っていた人が滑り落ちて津波にのまれる姿が、茶の間のテレビ画面に映し出されました。逃げるように走る自動車に追いつく津波、プロパンガスの引火と思われる津波に流されながら燃え続ける木造家屋など、これまでは経験したことも見たこともないような光景が、次々と日本中の茶の間に届けられたのです。

　この大地震をなぜ予知できなかったのか、地震学者は何をしているのか、地震予知でお金をつぎ込んだのに、どうして予知できなかったのか。世論は再び M 9 の地震が予知されなかったことへの不満が渦巻きました。それに対し、一部の地震学者は「想定外」を連発しましたが、ほとんどの研究者は地震学の力不足を認めざるを得ませんでした。

　厳しい世論の地震学あるいは地震学者への批判から、予知を真剣に考えた研究者たちの結論が、地震予知は不可能だからと大震法の方向転換となったのです。地震予知不可能論は地震予知計画が検討されている時期から、地震学会内部でも出されていました。地震は地下の岩盤が壊れる破壊現象で、破壊現象は一種の確率現象なので、本質的にいつ破壊が起こるかは予測できないという論法です。

　わかりやすい例としてよく使われるのが、均質のゴムひもの切断です。1 本の

ゴムひもを引っ張り続けるとやがて切断されます。ゴムひもの切断される場所や、切断される瞬間の時間は推定できません。確率現象だからです。切断される場所や時間はそのゴムひもの材質などで決まるはずですが、それはその時の神様の思し召し次第なのです。

このゴムひも切断の場所と時間は推定できないという確率論の説明を十分理解したうえで、私は次のように考えていました。均質なゴムひもにちょっと傷をつけておけば、ほぼ確実にそこで切断するでしょう。地下の岩盤は、ほぼ同じ地質構造になってはいても、詳しく見れば断層もあるし地層の食い違いもあります。つまり均質ではなく傷はあるのだから、その傷の付近、具体的には既存の断層が動いて地震発生になると考えました。地震は断層運動の結果発生しますから（**1.7 節** 参照）、この考えは間違っていません。地下の岩盤はゴムひものようには均質でないから、その不均質の部分で地震が発生するのです。

ゴムひもを引っ張り続けるとだんだん細くなり、ついに切断に至ります。ではそのゴムひもが引っ張られて細くなっていく様子を観察していれば、その切断時間をかなり正確に推定できると考えました。確率現象ではあっても「切断前に細くなる」という点に注目していれば、その切断が起こる時間はかなり絞り込めるだろうと考えたのです。

この2つの点から、私は地震現象を確率現象と知りながらも、地震を予知することはできるだろう、すべての地震でなくても、発生する地震の中のいくつかは予知ができるだろうと思っていました。ところが実際は、その時間の絞り込みはかなり難しいことに気が付きました。それは地球の寿命と人間の寿命のタイムスケールの違いです。人間の寿命はおよそ100年、人間はすべて自分の一生のタイムスケールで物事を考えます。自分が生きているうちに大地震の発生や火山噴火に遭遇することを心配しているのです。

地球上で起こる破壊現象の地震では、ゴムひもの例のように、引っ張られて破断寸前であろうと考えられても切断しないで、100年、200年もの時間が経過するのです。誕生以来46億年といわれる地球の寿命を100億年と仮定し人間の寿命に換算すれば、その100年は人間の寿命感覚では30秒、200年は1分足らずなのです。地震現象ではこの程度の時間のずれは誤差のうちですが、人間にとっては大問題です。このタイムスケールの違いは埋めることができませんので、私は地震予知が不可能と考えるようになりました。

　不可能な理由はもう一つあります。テレビ画面で毎日の天気予報を見ていると、今日の天気図から明日の天気図へと変化し、明日の天気予測、つまり未来の現象を予測しています。これは気象学には方程式ができていて、今の気圧、気温、風向、風速などを入力すると、12時間後、24時間後の、その地点の気象現象が推測できるようになっているのです。

　ところが地震が起こる「場」や火山体直下の様子、たとえば地殻内の歪、温度などはほとんどわかりません。掘削井戸があって測定ができているところが多少はありますが、そのデータは点にしかならず3次元的なデータは皆無です。データが存在しないので、その変化を予測する方程式もできていません。地震学は未来予測の方程式もないので、地震発生の予測、つまり地震予知は現状ではできないのです。この点が同じ地球表面の現象とはいえ、天気予報と地震予測・予知との大きな違いです。

　地震予知不可能論が出た阪神・淡路大震災の後、気象庁は「緊急地震速報」を、また政府は「全国地震動予測図」を作成、公表しています。これらは、実際には地震予知ではなく、ほとんど役立ちませんが、その詳細は拙著（『あしたの地震学』青土社、2020）に譲ります。

　20世紀の終わりごろ、私は地震予知を推進した1人、萩原尊禮からいろいろな話を聞きました。その結果をまとめたのが『地震予知と災害（理科年表読本）』（萩原尊禮、丸善、1997）です。その時、萩原は「地震予知はもう少しうまくゆくと考えていた、甘く見ていた」と述懐していたのが印象的でした。

8.3　観測は必要

　地震予知は不可能と断定しましたが、それは地球内部の状態を3次元的に知ることができないからです。しかし、地球内部を知ろうとする研究は着々と進められています。陸上ばかりでなく、日本列島周辺の海洋地域の地下構造も少しずつわかってきました。いずれは3次元的な構造が得られてくるでしょう。

　火山噴火に対しても同様です。火山体直下の構造やマグマの有無などをできるだけ詳しく知ろうとする努力は続けられています。その努力の基礎は観測です。地震を始め、重力、地殻変動、熱流量、地磁気など地球内部で起こる現象を観測し続けることによって、地下構造とそこでの物理的な性質が少しずつでも解明されてきました。2次元ではありますが、深さ30kmぐらいまでの地下の断面図が

得られている地域も出てきました。

　プレートテクトニクスが登場し、日本列島の下に太平洋プレートが沈み込んでいるという理論が出されました。地震観測で得られていた地震の分布はまさにそれを証明しました。東北地方で日本列島に斜めに沈み込む太平洋プレートの上面と下面に沿って発生した地震の震源が見事に並びました。その地震の震源分布を得るためには10年近い時間が必要でした。

　近年、被害が出るような大きな地震でなくても、高層ビルで長周期の大きな揺れを感じることがたびたび出てきました。広帯域の地震観測がなされている結果、ゆっくりと揺れる長周期振動の伝播が明らかになりました。観測を積み重ねていくことによって、地震学、火山学の知識も蓄積され、新しい展開ができるのです。

　スーパーコンピュータを使ってのシミュレーションは近代科学の大きな研究手法です。その研究解析に使う初期条件のデータは観測から得られます。そのデータこそが「地球の息吹」を伝えてくれるのです。

　地震防災、火山防災は私たちの日常生活では不可欠です。そのためには、それぞれの現象を観測し、その振る舞いを詳しくとらえておかなければなりません。観測の積み重ねから、やがては地震の発生に関しても、その大きさ、時期、場所を、できるだけ絞り込むことができるようになるでしょう。正確な地震予知ではなくても、防災に役立つ程度の大地震発生の情報は得られるようになるでしょうし、そのようにしなければなりません。

　第二次世界大戦後しばらく、日本の天気予報の精度はよくありませんでした。天気予報があまりに当たらないので「気象庁、気象庁」と唱えれば、「食あたりはしない」と揶揄されました。天気予報が「当たらない」原因の一つが、翌日の天気予報に役立つ中国大陸内の情報がほとんどなかったからです。

　地震発生や火山噴火が発生する地球の内部の情報も、地球物理学的な諸観測を継続することによって必要な情報が得られてくるでしょうし、そうしなければいけません。そのためにも観測は必要なのです。

　観測の必要性とともに、人材の育成も欠かせません。大学の地震・火山関係の各センターや観測所でも、大学院生が研究しています。しかし、彼らの就職口はきわめて狭いのです。地震予知計画、火山噴火予知計画が発足したころは大学でも定員が増え、教官に採用される学生も増えましたが、現状では安定的な職を得

ることは大変な世の中になっています。せっかく育てた人材も、その専門が役立つ分野ではなく、ほかに職を求めることが常態化しています。

　観測データの蓄積と人材の育成、その人材が自由に研究できる環境が構築されることが、地震学、火山学などを発展させるには不可欠なのです。日本の現状は実利を伴う応用面の分野には多額の研究費が出されているようですが、基礎的研究にはあまり予算が付きません。目先の利益にとらわれない、実利がわからない基礎研究こそ、応用分野を支えているのです。

　資源のない日本です。いろいろな分野で基礎研究を充実させ、日本の国力を蓄積させねばなりません。地球物理学的な観測もその一つです。観測が地震学や火山学を支えることを改めて強調しておきます。

第 9 章　南極観測

9.1 国際地球観測年

　地球を相手の学問は、どんなに広い国土を有する国でも、自国だけの観測調査で、そこに起こる自然現象を解明することはできません。また、どこの国にも属さない陸地もあります。そのような地域でも観測調査をすることによって、地球上に起こるいろいろな現象が正しく解明されていくのです。科学者の国際的な集まりである国際学術連合は、そのために国際地球観測年を計画しました。

　情報の少ない北極や南極の情報を得るために、1882年に第1回、1932年に第2回の国際極年が企画され、国際協力で気象や地磁気などの観測を極地域で実施してきました。文明開化が始まったばかりの日本では、第1回の極年には参加する力がありませんでしたが、第2回の極年では、国内でできる観測を実施しました。

　第3回の極年はそれまで通り50年後に予定されていましたが、第二次世界大戦を経た世界では、科学技術が急速に進歩したので、25年後の1957年7月1日から1958年12月31日まで、名前も国際地球観測年（IGY）として実施することになりました。そして当時はまともな地形図もなく、海岸線もはっきりしない未知の大陸だった南極の観測調査も実施することになったのです。

　国際社会に復帰したばかりの日本は1955年、国際学術連合に南極観測への参加を表明しました。当時、南極観測に参加を表明していたのは北半球のアメリカ、イギリス、フランス、ソ連（現ロシア）、ベルギー、ノルウェー、南半球のオーストラリア、ニュージーランド、アルゼンチン、チリ、南アフリカの11カ国で、すべて白人国家でした。敗戦国であり東洋の小国日本の参加を快く思わない国もあったようですが、最終的には日本を含む12カ国で南極観測は実施されることになりました。

　日本国内は、第二次世界大戦の敗戦から10年が過ぎてはいましたが、主食の米も輸入しなければならない、貧乏な時代でした。予算も十分でないのに未知の地で観測をする必要があるのか、観測隊員の安全確保ができるのか、と反対意見が出されましたが、とにかく参加することが決まりました。

　気象、オーロラ、地磁気、地震など地球物理学の諸分野の共同観測を、周辺の島々を含めて、南極大陸周辺のおよそ60カ所に観測基地や観測点が設けられ、観測が始まりました。南極観測は超高層物理学、気象、雪氷、地球科学などの諸分野で大きな成果が得られ、終止符が打たれました。

　各国の科学者は、国際地球観測年で得られた多くの新知見は、地球上の平和な環境の中で実施された結果であることを痛感したのです。南極観測の継続が熱望されました。そのためには南極に領土を有する国々との間で起きているその領土問題を解決する必要があり、外交官たちの努力により南極条約が締結しました。

　南極条約では科学観測に限れば、条約に加盟している各国は領土権を凍結すること、いかなる軍事兵器も持ち込まないことなどが合意されました。以来、半世紀以上が過ぎ 21 世紀の現在まで、南極観測は南極条約に守られ、各国が協力して継続しています。日本もどの国にも気兼ねすることなく、南極での諸観測を国の事業として継続し、国際貢献を続けています。

9.2　昭和基地

　日本は海上保安庁の灯台補給船だった「宗谷」を砕氷船に改造して、南極観測船としました。宗谷は耐氷船として設計されていましたので、砕氷船への改造も可能だったのでしょう。

　第 1 次日本南極地域観測隊を乗せた宗谷は、1957 年 1 月 29 日、エンダビーランドのリュツォ・ホルム湾にあるオングル島に上陸、付近一帯を「昭和基地」と命名しました。そして 4 棟の建物を建設し、11 名による越冬観測が始まりました。

　国際地球観測年の本番となる第 2 次隊は、宗谷が厚い密群氷に閉じ込められ、基地に近づけず、小型飛行機で第 1 次越冬隊を収容するのがやっとでした。結果的にはタロ、ジロを含む 15 頭の樺太犬を置き去りにすることになりました。犬たちの収容は最後まで実施する予定でしたが悪天候で飛行機が飛ばせず、時間切れとなり、実現できなかったのです（『あしたの南極学』青土社、2020　参照）。

　第 3 次隊からは船から基地への輸送手段として 2 機の大型ヘリコプターが導入されました。第 1 便のヘリコプターが到着した時に生きている犬の姿が確認され、2 頭の犬の生存は明るい話題となりました。このことは後日、映画化もされました。昭和基地は再開され、再び越冬観測が始まりました。第 4 次隊では福島伸隊員の遭難という悲しい事故が起きましたがすべての観測は継続され、5 次隊まで 3 年間の越冬を成功させ、1962 年、第 6 次隊の手により昭和基地は閉鎖されました。

　昭和基地はあくまでも国際地球観測年のために建設された臨時の基地だったので、南極観測の国内の体制もあくまでも臨時の体制でした。基地付近一帯はノル

ウェーが領土宣言をしている地域です。昭和基地付近には大陸縁の東西 1000 km
の範囲にほかの基地はなく、昭和基地での諸観測のデータは重要視されていまし
た。日本は昭和基地を恒久基地とすることを決定し、国内の体制も構築されまし
た。さらに、宗谷に代わる新砕氷船「ふじ」が建造され、観測体制も整いました。
1965 年、昭和基地の再開を目指す第 7 次隊を乗せてふじは出港しました。

　宗谷時代は 150 トンだった輸送量が 500 トンになり、昭和基地の再開から始ま
り、第 11 次隊までの間に基地は拡張・整備されました。基地の居住環境の改善
とともに、基地での観測も充実してゆきました。

　第 9 次隊による南極点までの往復旅行では、ルートに沿って 2 km ごとに重力
測定がなされました。上空に乱舞するオーロラに向かってロケットを打ち込み、
その発生構造を調べるという実験も行われました。

　気象観測は 1966 年以来、半世紀以上休むことなく続けられています。昭和基
地でのいろいろな観測結果は理科年表にも記載されています。同じように、昭和
基地で測定された重力や地磁気も、基本データの一つとして、記載されるように
なりました。隕石の発見、オゾンホールの発見など、南極での予期せぬ発見にも
日本隊は貢献しています。

　1981 年には第 3 代の南極観測船として「しらせ」が進水し、1983 年には第 25
次隊を乗せて南極へと出発しました。輸送できる貨物は 1000 トンに倍増し、基
地の設備はますます改善、充実してゆきました。現在は第 4 代目の南極観測船と
して 2 代目しらせが就航しています。なお昭和基地の役割は次のように考えられ
ています。

1. 気象、地震、重力、地磁気、海洋潮汐などの地球上の一観測点としての定常
   観測（モニタリング）
2. 南極特有の現象であるオーロラ観測、雪や氷の調査研究、ペンギン、コケな
   どの南極特有な生物の調査研究
3. 内陸基地や内陸調査の前進拠点

　とくに地球上の一観測点としての、昭和基地での観測は付近にほかの観測点が
ないだけに、国際的にも重要視されています。またオーロラは日本ではほとんど
現れない現象なので、昭和基地は日本のオーロラ研究者にとっては、地球上でた

だ1カ所の自由に観測ができ、研究を進められる場所になっています。南極氷床のような巨大な氷の塊は日本には存在しません。日本の研究者にとっては氷のダイナミクスが研究できる唯一の場所です。昭和基地は地球を知り、調べるうえで今や欠かせない場所になっています。またそのような場所での観測、調査、研究は人類への貢献でもあります。日本は科学的実力、経済力などでも地球の果てで、そのような貢献ができる力があり、文明国としての義務でもあるのです。

9.3 昭和基地の地震観測

1965 年春、私は博士論文の執筆に集中していました。まだ松代群発地震が発生する前の話です。そんなある日、指導教官である萩原尊禮から突然呼び出されました。その時の話は「来年から南極の昭和基地が再開される。再開に伴って昭和基地の地震観測能力を世界標準地震計並みにするので、長周期地震計の設置も必要である。君が適任と考えるが行く気はあるか」ということでした。さらに「君は第8次隊で予定しているが、もし第7次隊の隊員候補者が行けなくなった場合には、第7次隊の隊員として行ってもらいたいが、行けるか」ということでした。

実は私にとっては、これは大問題でした。第8次隊への参加となれば、翌1966 年3 月には博士課程も修了し、学位授与式も終わっています。しかし、第7次隊ならば1965 年の秋に出発で、学位を得る前に大学院を休学か退学して行かねばなりません。しかし、私は地球上でどこでも良いから、人類で初めての一歩を印したいという秘かな夢をもっていましたので、学位はどうにでもなるだろうからチャンスは逃してはいけないという気持ちで「行かしてください」とお願いしました。

幸い私は第8次隊の隊員として行けるようになり、無事に学位も取得でき、地震研究所に就職することができました。そのころの地震研究所は松代群発地震の観測で大変な時期でしたが、私は南極への準備に忙殺されていました。第8次隊の私の任務は地球物理定常観測でした。

地球物理定常とは地震、全天カメラによるオーロラの観測、地磁気3 成分の観測および絶対想定、海洋潮汐の4 項目でした。南極観測再開に伴い、この観測に責任をもっているのは、極地研究所の前身となる国立科学博物館の極地センターでした。しかし、極地センターではこのような観測ができる人材はいません。そ

こで学術会議の関係会員などが協議し、この地球物理担当隊員は地磁気の業務の
ある国土地理院と地震観測に実績のある地震研究所とが交互に隊員を出すという
ことで、南極観測は再開されました。そして地震研究所からの最初の隊員として
私が選ばれたのです。ですから、私は地磁気やオーロラ観測に関しては、実質的
にはそのデータを扱っている東京大学地球物理学教室の関係教官から、いろいろ
な教育を受けました。海洋潮汐は海上保安庁水路部が扱うデータで、夏隊で行く
水路部からの隊員が潮汐計の設置をし、越冬中の記録紙交換が私の仕事とされて
いました。とにかく知らないことが多いので、あちらこちらに行って学ぶことが
多かったです。そんな折、地震研究所の私の部屋に学生運動の活動家が訪ねてき
ました。彼は以下の点を主張していました。

1. 昭和基地を世界標準地震計と同じ能力とするのは、地下核実験探査に協力す
   ることであるから止めて欲しい。
2. 南極観測船ふじは防衛庁の所属の南極観測船で、そのような船で行く南極観
   測は軍学共同である。止めて欲しい。

　世界標準地震計に関しては松代地震観測所の項（5.3節）でも述べたように、
ソ連（当時）の地下核実験を監視するために日本の松代地震観測所と白木微小地
震観測所に設置されていました。私は世界標準地震計の設置の目的は、昭和基地
はもちろん日本の観測所でも「自然地震の観測」であること、地震計に核実験が
記録されることがあるかもしれないが、それは地震計が正常に作動している証拠
で、軍学共同という主張は当たらない、地下核実験が記録されるからと、地震観
測ができないというのであれば本末転倒であると話しました。
　南極観測船ふじが海上自衛隊の所属になっているのは、軍学共同であるという
理屈には一理ありました。自衛隊の海外派兵が公然と行われるようになったの
は、1990年ごろの湾岸戦争以来だと思います。1966年ごろは自衛隊が外国に行
くことは、海外派兵と神経質になる人が数多くいた時代です。南極観測は南極条
約という国際条約の枠内で実施しており、南極での活動はすべて平和目的の科学
観測に限定されています。
　宗谷を助けたアメリカの砕氷船バートンアイランド号は、海軍所属で前甲板に
はカバーこそかけられていましたが大砲が装備されていました。ふじはまったく

の丸腰で、軍事装備は一切ありません。組織力があるので、軍隊が南極観測を支援している国は複数あり、平和利用に限定しているので、新南極観測船ふじが海上自衛隊所属の船だとしても国際的な見地からも理解されると説明しました。彼らが納得したかどうか定かではありませんでしたが、活動家の学生の訪問はそれ1回だけでした。

1966年12月1日、第8次隊はふじで南極に向かいました。1967年1月4日、ふじは南極大陸沿岸に到着し、その日のうちに私は昭和基地に入りました。当時の昭和基地は設備も十分でなく、最初の数日は自分でテントを張ってその中で宿泊していました。満足なトイレもありませんでした。約1カ月の間に次々に、大小8棟の建物を建設し、新しく建設した地震計室に、地震計を設置できるようになったのはふじが昭和基地を離れる2月初旬でした。それまでのHES（萩原式電磁地震計）による短周期地震計3成分の観測に加え、長周期地震計3成分の観測を開始しました。

新体制で観測を始めたので、私はそれまで南極大陸内のいくつかの基地が実施しているように、記録された地震の初動到着時刻などを読み取り、アメリカ沿岸測地局と南極のほかの基地にも報告するようにしました。

宗谷時代を含め、昭和基地の地震観測データが地球上で起こった地震の震源決定に寄与するようになりました。この読み取り方法はその後も受け継がれましたが、翌々年の第10次隊は、地球物理定常観測の隊員は、ほかの仕事と掛け持ちで、なかなか現地での地震記象の読み取りができませんでした。すると日本の極地センターにアメリカから、昭和基地の地震読み取りデータが来ないがどうした、という電報が届き、地震研究所の私のところにそのコピーが送られてきました。私はすぐ昭和基地の現状を知らせ、了解を得ました。

昭和基地の両隣の地震観測点はそれぞれ500 km以上離れていました。ですから、昭和基地の読み取りデータがないとたった1点のデータではありますが、インド洋で発生している地震の震源決定の精度がきわめて悪くなるのです。しかも地震計の倍率を可能な限り大きくしてあり、ほかの観測基地では記録できないような地震まで報告していたので、震源決定に昭和基地のデータが使えないのは、大きなマイナスでした。国際共同観測での役割の重要性を示すエピソードです。

第8次隊で出発前に調べたところでは、南極には火山性の地震は起きているが構造性の地震は無いと、アメリカの地球物理学の教科書には明記されていまし

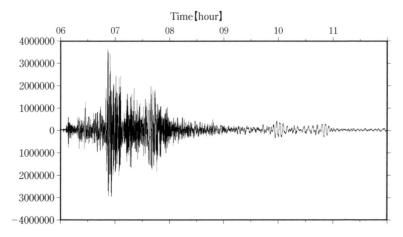

図 9.1　昭和基地で観測された東北地方太平洋沖地震の波形、地震発生から 20 分以上が経過してから地震波が到達している．震源から 15000 km 離れた昭和基地でも 6 時間以上経過してもまだ，地面が揺れていることがわかる．

た。しかし、越冬して毎日地震記象を調べていると、どうも近くで地震が起きているらしいことに気が付きました。帰国して詳しく調べ、南極大陸内にも地震が起きていることを初めて突き止めました。その後の観測継続で、南極では地震の活動度は日本の 100 分の 1 以下と低いですが、ときどきは群発地震も発生する日本と同じような地震活動があることを明らかにしました。たったそれだけの成果を得るのに 30 年以上の歳月が必要でした。

　このように昭和基地は日本列島以外で、日本が責任をもって気象、地震、地磁気、重力などの観測を継続し、世界の研究者にその観測データを提供し続けている唯一の観測点です。越冬して観測を続けている人が、その観測データを使うわけではありません。世界の研究者が自由に使えるデータを提供することで、人類に国際貢献をしているのです。日本の国際貢献の一つの良い例です。

9.4　大きな国際貢献

　昭和基地では開設以来、地球物理のいろいろな分野の観測を継続しているのですから、それなりの成果が出るのは当たり前です。初めは皆無だった日本のオーロラの研究は、現在では超高層物理学と呼ばれ、おそらく何百人かの研究者が育っているでしょう。そのほかの分野でも同じように、それぞれが成果を上げて

います。

　南極で日本は東経 30 度から 45 度の大陸の海岸線に沿って、地形図の作成の義務を負っていました。IGY 時代からの宿題です。露岩地帯は海岸だけですから、国土地理院からの隊員がその地に赴いて三角測量や天文測量を繰り返し、設定された 20 万分の 1 の地形図が完成したのが 20 年後の 1980 年代の初めでした。各露岩について 5 万分の 1 の地形図も完成し、昭和基地付近は南極で最も地形図が完備した地域となりました。GPS や人工衛星からの写真が普及する以前の時代に話です。

　さらに誰も期待していなかった大きな成果が 2 つ出ています。その一つがオゾンホールの発見です。南極でのオゾン量の観測は昭和基地では 1961 年から、気象観測の一環として定常的な観測の一つとして始められました。1982 年 10 月、南極の春、昭和基地のオゾン量が通常の 6 割程度に減じました。観測機器の不具合でもなく、観測者は帰国後にその事実だけを報告しましたが、専門家からは特別の指摘はなかったようです。

　ところが、同じころイギリスのハレー基地でもオゾン量の急激な減少が観測され、昭和基地と 2 つの基地で同時にオゾン量の減少が観測されたことで騒ぎが始まりました。オゾンホールの発見です。オゾン量の減少は地表への紫外線が増加し、人体への悪影響が心配されたのです。その原因がフロンガスであることは比較的早い段階でわかり、対策が取られました。誰もそのような期待をしていなかった昭和基地の定常的で地味な観測が大成果を出し、大きな国際貢献をしたのです。

　隕石は地球外物質で、国土の狭い日本では 1960 年代当時、20 個程度が存在していることが知られていました。空からの火の玉の落下ですから、仮に採集されても神社の御神体や寺の寺宝になっていたりして、研究者の手に触れる機会は非常に少なかったのです。当時、世界最大の隕石最保有国のアメリカでも 2000 個程度でした。

　1970 年、昭和基地から出発した雪氷グループの内陸調査隊が、南極の氷床上で 9 個の隕石を偶然発見して、採集しました。それを契機に、日本隊は組織的に南極大陸で隕石探査を実施し、現在では 2 万個に近い隕石を保有し、世界でも有数の隕石保有国となりました。宇宙生成を解明しようとしている研究者にとっては宝の山です。誰も期待しなかった大成果です。

9.5　エレバス火山の観測

　南極には国際地球観測年が開始して以来噴火活動をした火山が、少なくとも2つあります。その1つは南米大陸から南下した地域にある南極半島の先端付近に位置するデセプション島で、1967年に噴火が繰り返され、島にあったイギリスやアルゼンチンの観測基地が閉鎖されました。

　島に生息していたペンギンたちは噴火前に逃げ、各基地の観測隊員も事前に避難して人的被害は起こりませんでした。噴火活動は1969年まで続きましたが、その後は沈静化しています。現在はスペインが夏の間だけ基地を設けて火山学的な調査を実施しています。

　デセプション島は海底火山の頂上部が海上に現れた、馬蹄形をした島で内側のカルデラが天然の良港を形成しており、19世紀から南極に進出した捕鯨船団の休憩港的な役割を果たしていました。湾内には温泉も湧き、現在も南極観光の目玉の島です。

　南極のもう1つの活火山がエレバス火山（3794 m）で **2.1節**の**図2.1**に記載されている54番の火山です。ロス島にあり、アメリカのマクマード基地、ニュージーランドのスコット基地が近くにあり、南極にありながらも調査のしやすい火山でした。1974年、私はアメリカ、ニュージーランドとの「ドライバレー共同掘削計画」に参加するためにマクマード基地を訪れ、初めてエレバス火山を見て、何とかこの山を調べたいという気持ちが湧いてきました（**写真13**）。

　エレバス火山を調査しているニュージーランドの地質学が専門の火山学者の話では、エレバス火山の山頂火口内には1973年に溶岩湖が出現し、その時（1974年12月）も存在しているとのことでした。山麓からは静かに噴煙を上げている山ですが、火口の中は「地獄の釜」で灼熱の溶岩が煮えくり返っていたのです。夏の間の調査以外は、何の調査や観測も行われていない火山でした。

　その後、ニュージーランド、アメリカの火山学者と調査チームを結成し、国内的にも予算措置がなされ、3国共同で「エレバス火山の地球物理学的研究」を1979年から実施することができました。

　まず日本の用意した地震計、アメリカの用意した地震データの送信システムとを組み合わせて、エレバス火山周辺に10点ほど地震計を設置しました。その信号は見通しの良いスコット基地に送られ、基地内に日本が設置した記録器の磁気

写真 13　南極ロス島のエレバス火山（3795 m）．右側（東側）は現在は火山活動の認められないテラー山（3230 m），手前はロス棚氷．

テープに記録されます．送信のための電源は，当時はあまり普及していなかったアメリカの太陽電池を使いました．

　この電池は大変優秀で，太陽がまったく出なくなる 5 月ごろからは，充電ができなくなりますが，それでも 7 月ごろまでは，観測ができました．そして太陽が顔を出し始めると，− 50℃の中，9 月ごろからは再び電気の供給を始め観測が再開されました．

　私たちは毎年 12 月には現地に入り，1 月末まで各機器の点検や，記録の再生をして，地震活動を注視するとともに，重力測定も繰り返しました．1984 年 10月，エレバス火山は中規模の水蒸気爆発を起こし，火山灰は山頂の火口丘を真っ黒に覆いました．爆発音は山麓の基地の隊員も聞いていました．幸運にも私たちは観測期間中にエレバス火山の水蒸気爆発噴火に遭遇したのです．

　このプロジェクトは 1990 年で終了しましたが，火山活動の静穏期から爆発に全る過程，さらには沈静化し，再び溶岩湖が現れる過程を詳細に観測することができました．エレバス火山は南極にありながら，その活動が最も解明された地球上の火山の一つとなりました．その詳細は，拙著に述べてありますので，重複を避けます（『南極の火山エレバスに魅せられて』，現代書館，2019 参照）．地震の

頻発から火山噴火に続くエレバス火山の火山噴火活動の過程は日本の有珠山に似た性質があるとの印象を受けました。

【図・写真の出典】

[図 9.1]　昭和基地の上下動地震計に記録された 2011 年 3 月 11 日の東北地方太平洋沖地震の地震記録，極地研究所提供.

[写真 13] 著者撮影.

あとがき

　地面の揺れを身体が感じたり、建物などに被害が出たりする現象が地震、地中から大量の水蒸気や溶岩などが噴出する現象が火山噴火です。どちらの現象も物質的な被害をもたらし、防災という観点から、とくに注意しなければならない自然現象ですが、残念ながら日本列島は、地球上でそれらの現象が多発する領域に位置しています。したがって、明治の文明開化以後、これらを研究する学問分野は比較的早い時期から力が注がれてきました。

　地震や火山噴火を物理学的に研究する学問分野は「地球物理学」と総称されますが、それぞれの現象を知るためには、まず、何が起きているのかを知る必要があります。地震や火山噴火現象を知る手段が、それぞれの観測です。物理学の教育には物理実験という過程が不可欠ですが、地球物理学では観測が重要です。教育の場においては、いろいろな現象を観測することによってその現象が理解され、解明されるプロセスを学びます。

　ところが地震観測一つを例にとっても、観測は決してスマートではありません。目的達成のためにどんな観測機器が必要かを考え、それを準備し、設置し、観測を始めるのが第一歩、そこからいつ起こるかわからない目的の現象を待つのです。研究者の多くはこのめんどくさい過程を好まず、誰かが観測した記録をもらい、パソコンの前で処理して新しい発見をしようとします。近年はとくに、その傾向が強いです。

　このような研究手法を好む人は、観測して得られたデータに関してはまったくのブラックボックスです。途中はわからない、とにかく得られたデータを解析して、こんな結果を得たと考える人が多いのです。このような人を私は本書で「地球の息吹を知らない人」と揶揄しています。デジタル化した数値だけをみて、地球の姿、地震や火山現象の姿を理解することは、よほどの天才以外は不可能です。

　残念ながら研究者を目指す多くの人が観測を軽視する傾向を憂いて、本書を執

筆しました。観測は地震学や火山学では「学問の縁の下を支える力」です。泥臭くスマートでないかもしれませんが、自然を知るということは「労が多い」ことなのです。

　2020年に地球に帰還したハヤブサの予算は三百数十億円と聞きました。そのころ流行を始めた新型コロナ対策として当時の総理大臣の決断で配られた「マスク」の予算は、四百数十億円でした。ハヤブサの予算を獲得するために、天文学分野の関係者はどのくらい苦労したか、予算獲得のために作成した申請書は何ページになったかは知りませんが、とにかく大変な苦労を重ねてようやく獲得した予算で得た大成果でした。ところが総理大臣の一声で配られたマスクは、その後に必要性を語られたマスクに比べ、効力は半減以下のマスクだったようです。大量に余ったマスクの保存のために何億円という保管経費が掛かっているという話を聞くと、国民の一人として情けなくなります。資源のない、狭い国土の日本は科学研究のための予算を確保することによって、栄えていくことを再確認して欲しい出来事でした。

　本書では日本列島内で展開されたその開発から140年を経過したいろいろなタイプの地震計を使っての地震現象や、火山噴火現象の解明を中心に、それぞれの分野の学問研究の概観を述べたつもりです。冒頭にも述べたように黎明期の情報は指導教官の萩原尊禮先生から得たものが中心です。それ以後は自分自身の経験と、研究者仲間、ほかの大学の研究者仲間から得た情報をもとに執筆しました。とくに東北大学の豊国源知氏と、国立極地研究所の土井浩一郎氏にはお世話になりました。

　地震研究所時代の同僚、唐鎌郁夫氏から古い時代の多くの情報と写真を頂きました。観測所勤務の小山悦郎（浅間火山観測所）、羽田敏夫（信越地震観測所）、三浦禮子（広島観測所）の皆さんからは、最近20年間の歴史を伺うとともに写真を提供していただきました。併記して御礼申し上げます。

　2022年10月

神　沼　克　伊

索　引

著者紹介
神沼　克伊(かみぬま　かつただ)
国立極地研究所・総合研究大学院大学名誉教授。理学博士。
専門は固体地球物理学。東京大学大学院理学研究科修了後に
東京大学地震研究所に入所、地震や火山噴火予知の研究に携
わる。1974年より国立極地研究所で南極研究に従事。二度の
越冬を含め南極へは15回赴く。南極には「カミヌマ」の名前
がついた地名が二箇所ある。著書に『白い大陸への挑戦―日本
南極観測隊の60年』『南極の火山エレバスに魅せられて』(以上、
現代書館)『あしたの地震学』『あしたの南極学』『あしたの火山
学』(以上、青土社)など。

地震と火山の観測史

令和 4 年 10 月 25 日　発　行

著作者　　神　沼　克　伊

発行者　　池　田　和　博

発行所　　丸善出版株式会社

〒101-0051　東京都千代田区神田神保町二丁目17番
編集：電話(03)3512-3265／FAX(03)3512-3272
営業：電話(03)3512-3256／FAX(03)3512-3270
https://www.maruzen-publishing.co.jp

Ⓒ Katsutada Kaminuma, 2022

DTP組版・斉藤綾一／印刷・日経印刷株式会社
製本・株式会社 松岳社

ISBN 978-4-621-30750-2　C 1044　　　　Printed in Japan